支持向量机数据扰动分析

蔡 春 著

清华大学出版社
北 京

内容简介

本书的内容包括支持向量机概述、支持向量分类机模型、加权支持向量分类机算法、线性支持向量分类机数据扰动分析、非线性支持向量分类机数据扰动分析、线性支持向量回归机的数据扰动分析。

本书内容丰富，深入浅出。为使数学基础不同的读者都能较好地对本门知识建立起概貌，结合自己的领域实际应用该门知识，本书特别重视的是：结合简单、典型的实例，讲清楚支持向量分类机数据扰动分析理论的产生背景，系统论述了支持向量分类机数据扰动分析体系。本书不仅可作为理工科人工智能方面研究生的扩充资料，也可供数学基础较强但对本方面知识有强烈学习愿望的其他各类读者自学之用，还可作为有关专业教师和科研人员的参考书。

图书在版编目(CIP)数据

支持向量机数据扰动分析/蔡春著. —北京：清华大学出版社，2019（2022.5重印）
ISBN 978-7-302-52598-1

Ⅰ. ①支… Ⅱ. ①蔡… Ⅲ. ①向量计算机—数据分析 Ⅳ. ①TP381.6

中国版本图书馆 CIP 数据核字(2019)第 044620 号

责任编辑：刘 颖
封面设计：傅瑞学
责任校对：刘玉霞
责任印制：刘海龙

出版发行：清华大学出版社
网　　址：http://www.tup.com.cn，http://www.wqbook.com
地　　址：北京清华大学学研大厦 A 座　　**邮　　编**：100084
社 总 机：010-83470000　　**邮　　购**：010-62786544
投稿与读者服务：010-62776969，c-service@tup.tsinghua.edu.cn
质量反馈：010-62772015，zhiliang@tup.tsinghua.edu.cn
印 装 者：北京九州迅驰传媒文化有限公司
经　　销：全国新华书店
开　　本：170mm×230mm　　**印　　张**：7.25　　**字　　数**：136 千字
版　　次：2019 年 4 月第 1 版　　**印　　次**：2022 年 5 月第 4 次印刷
定　　价：29.00 元

产品编号：063036-01

前　　言

支持向量机(support vector machines,SVM)最初是20世纪90年代由万普尼克(Vapnik)提出。万普尼克等人在20世纪60年代开始研究有限样本情况下的机器学习问题，提出统计学习理论(statistical learning theory,SLT),支持向量机就是在统计学习理论框架下发展起来的,其理论研究和应用方面都取得了突破性进展,开始成为数据挖掘的一种新技术,而且是一种很重要的新技术。

解决分类问题的支持向量机模型称为支持向量分类(support vector classification,SVC)或支持向量分类机,解决回归问题的支持向量机模型称为支持向量回归(support vector regression,SVR)或支持向量回归机。支持向量分类机在统计学习理论这一理论框架下产生,在应用中表现出令人满意的结果,它已初步表现出很多优于已有方法的性能,成为一种新的通用机器学习方法。利用支持向量分类机构造出的分类器可以自动寻找那些对分类有较好区分能力的支持向量、最大化两类样本点的间隔,因而支持向量分类机有较好的推广性能和较高的分类准确率,在解决小样本机器学习问题中表现出特有的优势,开始成为克服"维数灾难"和"过学习"等传统困难的有力手段。SVC正在成为继人工神经网络(artificial neural network,ANN)研究之后新的研究热点,并将有力地推动机器学习理论和技术的发展。

对于分类问题有两类：一类是线性可分问题,另一类是线性不可分问题。对于线性可分问题,支持向量分类机的基本思想就是最大化两类"间隔",据此构造最优化模型,求解模型可以得到可分的线性平面；对于新的样本点的类别进行预测,就是把新样本点的数值代入所得到的线性平面,根据这个平面算出的值的正负性进行类别判断。对于线性不可分问题,理论上利用一个映射把原来的输入空间$\mathbb{R}^n$映射到希尔伯特

(Hilbert)空间(简记为 H 空间),引入超平面的思想;而这些想法就可以通过引入核函数来实现。核函数实质是卷积,求解原问题的沃尔夫(Wolfe)对偶问题而建立起决策函数,全部操作仍是在原来的输入空间$\mathbb{R}^n$上进行,而不管上述概念中的 H 具体是什么内积空间。

本书是关于支持向量分类机及回归机数据扰动分析的导论性专著,它着重于训练数据误差对分类平面的影响方面。本书简要概述了支持向量分类机的模型,支持向量分类机决策函数阈值,重点围绕线性支持向量分类机数据扰动分析,非线性支持向量分类机数据扰动分析理论体系进行论述。本书试图自我包容,只需要具备数学最优化理论的基础知识,所需的概念在每一章中均加以给出。

本书共分 6 章:概论、支持向量分类机算法及预备知识、加权支持向量分类机算法、加权线性支持向量分类机数据扰动分析、非线性支持向量分类机数据扰动分析、线性支持向量回归机的数据扰动分析。

本书的写作受到中国农业大学理学院教授邓乃扬、北京理工大学理学院教授刘宝光、中国农业大学理学院教授陈奎孚、加拿大曼尼托巴大学统计学院教授王熙逵的大力支持,在研究的具体开展中,我的同事吕书强老师也给我提出了很好的建议,在此表示感谢。另外也以此书献给我的家人、朋友,是他们给予我很多关心和厚爱,我才有精力完成此书。此外还要感谢清华大学出版社的刘颖老师,他深厚的数学功底,精心的编辑才保证此书顺利出版。

本书的出版得到北京联合大学学术出版的资助和北京市青年拔尖人才项目的资助(项目号 CIT&TCD201404080)。在此一并感谢!

蔡春

北京联合大学

2019 年 2 月

目　　录

第1章

概　论

数据挖掘源于数据库技术的发展，现在数据库可以存储海量数据，数据的快速增加与数据分析方法滞后的矛盾越来越突出，人们希望对已有的海量数据进行科学分析，得到有价值的知识，这就促使了数据挖掘的产生。数据挖掘的方法很多，经典的是统计估计方法，比如回归分析、判别分析、聚类分析等。与经典统计方法相对的是新的学习方法即机器学习方法。目前机器学习方法的主流方法是支持向量机方法。

追溯支持向量机的知识背景，就要了解另一个比较新的概念——数据挖掘[1]，数据挖掘即从大量的数据中，抽取出潜在的、有价值的知识（模型或规则）的过程。数据挖掘的任务很多，“分类”是其中一项重要的任务，即在已知类别的样本集合上（训练集）建立分类模型，求解分类模型得到决策函数，利用决策函数对未知类别的样本（待测试样本）进行分类。SVM 最初是 20 世纪 90 年代由万普尼克（Vapnik）提出[2]，近年来在其理论研究和应用方面都取得了突破性进展，开始成为数据挖掘的一种新技术，而且是一种很重要的新技术。目前关于支持向量机已经出版了许多著作和会议论文集[3~6]。它在许多领域都获得了成功的应用，如：模式识别[7~9]，回归、函数拟合[10~19]等，现也被国内推广到经济预测[20,21]、文本分类[22~25]、人脸识别[26,27]、工程应用[28~37]、医学应用[38~40]等领域，逐渐成为国内外新的研究热点。

数据的获得有多种渠道，有用仪器测量的数据如医疗数据、建筑数据，有调查问卷获得的数据如消费数据，有各个单位报表的数据如企业数据，但无论如何，数据或多或少都有部分失真，对于部分失真的数据进行分析，我们就得考虑到数据的扰动对分析方法的影响。

本章首先介绍研究背景、提出问题，其次介绍支持向量分类机的基本思想，再次介绍支持向量分类机的发展历史、研究现状，最后对本书的研究内容、结构以及结论进行概述。

1.1 从机器学习到支持向量分类机

数据挖掘的方法很多,其中机器学习是数据挖掘的一种主流方法。基于数据的机器学习问题是人类智能研究的主要问题,它通过对已知事实的分析,总结规律,预测不能直接观测的规律。在机器学习过程中,统计学起着基础性的作用,但传统的统计学所研究的主要是渐近理论,即当样本趋向于无穷多时的统计性质。而在现实的问题中,我们所面对的样本数目通常是有限的,因此一些理论上很优秀的学习方法在实际中的表现却可能不尽如人意;虽然人们实际上一直知道这一点,但传统上仍以样本数目无穷多为假设来推导各种算法,希望这样得到的算法在样本较少时也能有较好的(至少是可接受的)表现。然而,相反的情况却经常出现,人们对于解决此类问题的努力一直在进行。

万普尼克等人在 20 世纪 60 年代开始研究有限样本情况下的机器学习问题[41],提出统计学习理论。在统计学习理论建立过程中遇到了经验风险最小化与期望风险最小化不一致的情形,为了研究机器学习过程的一致性,万普尼克和切夫耐基(Chervonenkis)于 1971 年[42]提出了支持向量机的重要的基础理论——VC维(Vapnik-Chervonenkis dimension)理论。VC 维是描述函数集复杂性的一个指标,VC 维越大学习机器越复杂,学习机器越复杂推广能力就越难把握,为此直到 20 世纪 90 年代初期,VC 维理论还没有得到很好的应用[43]。到 20 世纪 90 年代中期,随着其理论的不断发展和成熟,也由于神经网络(Neural Network,NN)等学习方法在理论上缺乏实质性进展,统计学习理论开始受到越来越广泛的重视。

万普尼克[44]进一步提出了具有划时代意义的原则——结构风险最小化(structural risk minimization,SRM)原则。在此基础上,20 世纪 90 年代万普尼克和他的 At&TBell 实验室小组提出了支持向量分类机方法,该方法体现了结构风险最小化[45]原则的基本思想,进一步丰富和发展了统计学习理论,使抽象的学习理论转化为通用的实际算法。

1992 年,博瑟(Boser)、吉翁(Guyon)和万普尼克在文献[45]中,提出了最优间隔分类器。1993 年,科特斯(Cortes)和万普尼克在文献[46]中,进一步探讨了非线性软间隔的分类问题。1995 年,万普尼克在文献[47]中,完整地提出了 SVM 分类方法。

SVM 分类方法在统计学习理论这一理论框架下产生,在应用中表现出令人满意的结果,它已初步表现出很多优于已有方法的性能,成为一种新的通用机器学习方法[48]。利用 SVM 分类方法构造出的分类器可以自动寻找那些对分类有较好区分能力的支持向量、最大化两类样本点的间隔[49],因而有较好的推广性能和较高的分类准确率，在解决小样本机器学习问题中表现出特有的优势，开始成为克服“维数灾难”和“过学习”等传统困难的有力手段。SVM 正在成为继人工神经网络研究之后新的研究热点，并将有力地推动机器学习理论和技术的发展。

支持向量机是解决数据挖掘问题之一——分类问题的一种重要方法，其通过求解沃尔夫(Wolfe)对偶问题进而构造决策函数的求解方法，已经趋于成熟(特大型问题除外)，但是关于它的输入数据的误差，以及数据各种可能的变化对决策函数值的影响的分析，在理论上和实际计算实现方面都还是空白。输入数据一般都是某些特征的测定值，它只是真值的近似，使用这些近似值建立起支持向量分类机模型，求解模型，得解 w,b，以及决策函数。我们假定所得的 w,b 是所建模型的准确解，w,b 以及由其构造的决策函数与由数据真值构造的模型相对应的那个真的 w,b 以及决策函数有近似意义吗？其近似程度同输入数据的误差有怎样的定量关系？除了上述属于支持向量分类机模型的稳定性概念分析之外，下列各项考虑也是有意义的：比如说，输入数据特别是支持向量的某一个、某一维、某一个的某一维，甚至是全部数据在发生一定变化时，模型的解 w,b 乃至决策函数如何变化？能否无须重新求解模型而通过对原模型的解的某种修正得到其近似？更深入一层，能否从对这些变化结果的分析，透视出输入数据所代表的特征，以及不同特征对于决策函数的不同贡献？所有这些都可以纳入一个统一的框架之中，这就是数据的扰动分析。数据扰动分析是指针对数据的某种微小变化对扰动后造成的模型以及解的状况作定量的分析，比如给出构成解的各个要素对数据扰动变差的变化率。这样当数据扰动的范围将数据真值含于其中时，扰动分析的结果即可从定性、定量两个方面回答上述模型的稳定性问题，当扰动代表了我们所着意研究的数据变化时，扰动分析的结果就可以给出变化后的近似解，以及哪些变化对解影响巨大或者无足轻重，等等。

一般的非线性规划理论中的实用的可计算实现的灵敏度分析方法，为上述数据扰动分析问题提供了基础的理论工具。像引用非线性规划的沃尔夫对偶理论而形成的支持向量机系统的求解方法那样，我们也想把这种灵敏度分析方法引入到支持向量机这一特定的凸二次规划模型中，充分地具体化以求形成实用的数据扰动分析方法，作为支持向量分类机理论和方法的一个扩展。

1.2 支持向量分类机思想

1.2.1 分类问题的提出

数据挖掘的一个很重要的内容就是分类，分类问题不是什么新问题，但是随着计算机的普遍应用以及数据挖掘的迅速发展赋予了它们新的意义，再次引起人们热切关注。国内在这方面发展也很快，下面通过一个例子引出分类问题[50]。

完全确诊某些疾病，可能需要进行创伤性探测或者昂贵的手段。因此利用一些有关的容易获得的临床指标进行推断，是一项有意义的工作。美国 Cleveland Hart Disease Database 提供的数据，就是这方面工作的一个实例。在那里对 297 个待诊病人进行了彻底的临床检测，确诊了他们是否有心脏病。同时，也记录了他们的年龄、胆固醇等 13 项有关指标。他们希望根据这些临床资料对待诊病人只检测这 13 项指标，来推断该病人是否有心脏病。这类问题称为分类(classification)问题，也称为模式识别问题[51]，在概率统计中则称为判别分析问题。我们采用“分类问题”这一术语。图 1.1 给出了 2 个指标(年龄、胆固醇水平)、10 个人(5 个患者用圆圈表示、5 个健康者用方块表示)的示意图。

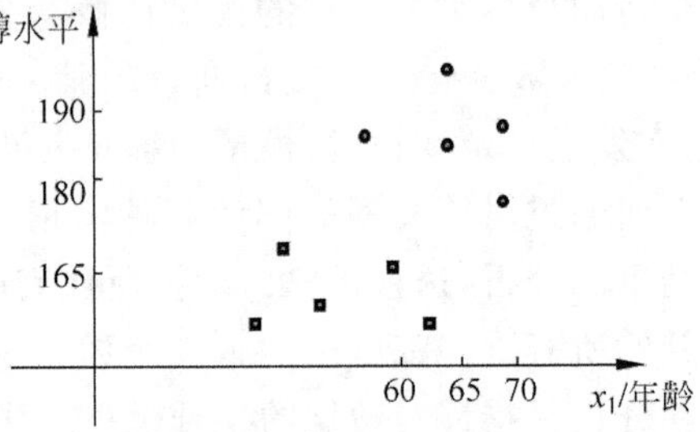

图 1.1　分类问题示意图

图 1.1 是 2 个指标 10 个样本点分两类的情形。一般地，可能有 n 个指标，即 $\boldsymbol{x}\in\mathbb{R}^n$($n$ 维列向量)，m 个样本点，记 m 个样本点的集合为 $T=\{(\boldsymbol{x}_1,y_1),(\boldsymbol{x}_2,y_2),\cdots,(\boldsymbol{x}_m,y_m)\}\in(X\times Y)^m$，其中 $\boldsymbol{x}_i\in X=\mathbb{R}^n$，$y_i\in Y=\{-1,1\}$，$\boldsymbol{x}_i\in\mathbb{R}^n$ 是输入指标向量或称为输入、或称为模式，空间 $\mathbb{R}^n$ 也因此称为输入空间，$y_i\in Y=\{-1,1\}$ 是输出指标，或称为输出，$i=1,2,\cdots,m$，这 m 个样本点组成的集合称为训练集，其中的样本点也称训练点。这时我们的问题是，给定一个新的模式 $\boldsymbol{x}$，根据训练集，寻找规则并按此规则推断它所对应的输出 y 是 1 还是 -1。分类问题用数学语言可以描述如下：

分类问题　根据给定的训练集 $T=\{(\boldsymbol{x}_1,y_1),(\boldsymbol{x}_2,y_2),\cdots,(\boldsymbol{x}_m,y_m)\}\in(X\times Y)^m$，其中 $\boldsymbol{x}_i\in X=\mathbb{R}^n$，$y_i\in Y=\{-1,1\}$，$i=1,2,\cdots,m$，寻找 $\mathbb{R}^n$ 上的一个实值函数 $g(\boldsymbol{x})$，以便用决策函数 $f(\boldsymbol{x})=\operatorname{sgn} g(\boldsymbol{x})$ 推断任一模式 $\boldsymbol{x}$ 相对应的输出值。由此可见，求解分类问题实质上就是找到一个把 $\mathbb{R}^n$ 上的点分成两类的规则。

与分成两类的分类问题类似，还有分成多类的分类问题。它们的不同之处仅在于前者的输出只取两个值，而后者则可取多个值，我们这里只讨论分成两类的分类问题。

参照机器学习领域中的术语,我们把解决上述分类问题的方法称为分类学习机。当 $g(\boldsymbol{x})$为线性函数 $g(\boldsymbol{x})=\boldsymbol{w}\cdot\boldsymbol{x}+b$,由决策函数 $f(\boldsymbol{x})=\mathrm{sgn}\ g(\boldsymbol{x})$确定分类准则时,称为线性分类学习机;当 $g(\boldsymbol{x})$为非线性函数时,称为非线性分类学习机。分类的目的就是构造一个分类函数或分类模型(分类器),把未知类别的数据项映射到某一个给定类别。

1.2.2 分类问题的困难

分类问题的最终目标归结为构造分类函数,即在一组函数集合$\{g(\boldsymbol{x},\boldsymbol{w})\}$中寻找一个最优的函数,使期望风险

$$R(\boldsymbol{w})=\int L(y,g(\boldsymbol{x},\boldsymbol{w}))\mathrm{d}F(\boldsymbol{x},y)$$

最小,其中$\{g(\boldsymbol{x},\boldsymbol{w})\}$为预测分类函数集,$\boldsymbol{w}$ 为函数的参数;$L(y,g(\boldsymbol{x},\boldsymbol{w}))$表示用函数 $g(\boldsymbol{x},\boldsymbol{w})$对 y 进行预测带来的损失,我们称它为损失函数,它有不同的表达形式;$F(\boldsymbol{x},y)$为样本的分布。分类问题的困难在于:训练集是按照某个概率分布 $F(\boldsymbol{x},y)$选取的独立、同分布的样本点的集合,但概率分布函数 $F(\boldsymbol{x},y)$是未知的。常用的损失函数为 0-1 损失函数,其定义为

$$L(y,g(\boldsymbol{x},\boldsymbol{w}))=\begin{cases}0, & y=g(\boldsymbol{x},\boldsymbol{w}),\\ 1, & y\neq g(\boldsymbol{x},\boldsymbol{w})。\end{cases}$$

未知概率分布函数使得期望风险最小的分类学习目标无法计算,因此一种分类学习目标是使经验风险最小,即

$$R_{emp}(\boldsymbol{w})=\frac{1}{m}\sum_{i=1}^{m}L(y,g(\boldsymbol{x}_i,\boldsymbol{w}))。$$

用经验风险最小化只是体现了眼前的利益,对任意待输出模式的情况完全不知,也无法知晓,就经验风险最小化这一目标也很难实现。但这种思想却在多年的机器学习方法研究中占据了主要地位,直至发现神经网络的过学习问题,亦即追求经验风险最小导致了推广能力(对未来输出进行正确预测能力)的下降。这里可以举一个例子[52]:任意给定一组实数样本$\{(x_1,y_1),(x_2,y_2),\cdots,(x_m,y_m)\}$,$y_i\in\{-1,1\}$,我们总可以选择适当的参数 α,使得函数 $\sin(\alpha x)$完全拟合给定的实数样本,如果样本点取得非常密集,我们知道函数 $\sin(\alpha x)$的图像起伏很大,这样对未来输出的正确预测能力就下降,即这个函数的推广能力下降。为此对有限样本学习提出了两个问题:一是经验风险最小并不一定意味着期望风险最小;二是函数的复杂性影响了学习机器的推广能力。为此提出了小样本情况下的机器学习理论——统计学习理论,主要研究内容分 4 个方面[2]:

(1) 基于经验风险最小化的学习过程一致性的条件；

(2) 学习过程收敛的速度；

(3) 学习过程的推广能力的界；

(4) 构造能够控制推广能力的算法。

1.2.3 支持向量分类机的基本思想

图 1.1 所示的训练集是一个二维的数据，可以用直线正确分开，这是一个二维线性可分问题。一般线性可分问题确切定义如下。

定义 1.2.1(线性可分) 考虑训练集 $T=\{(\boldsymbol{x}_1,y_1),(\boldsymbol{x}_2,y_2),\cdots,(\boldsymbol{x}_m,y_m)\}\in(X\times Y)^m$，$\boldsymbol{x}_i\in X=\mathbb{R}^n$，$y_i\in Y=\{-1,1\}$，$i=1,2,\cdots,m$，若存在 $\boldsymbol{w}\in\mathbb{R}^n$，$b\in\mathbb{R}$ 和正数 ε，使得对所有 $y_i=1$ 的下标 i，有$(\boldsymbol{w}\cdot\boldsymbol{x}_i)+b\geqslant\varepsilon$，而对所有 $y_i=-1$ 的下标 i，有$(\boldsymbol{w}\cdot\boldsymbol{x}_i)+b\leqslant-\varepsilon$，则称训练集线性可分，同时也称相应的分类问题是线性可分问题。

给定训练集，其分类有两种情况：线性可分，线性不可分。

首先看线性可分的情形：假定训练集$\{(\boldsymbol{x}_i,y_i),i=1,2,\cdots,m\}$可以被一个超平面$(\boldsymbol{w}\cdot\boldsymbol{x})+b=0$ 正确地分开，其中 $\boldsymbol{x}_i\in\mathbb{R}^n$，标签 $y_i\in\{-1,+1\}$是点 $\boldsymbol{x}_i$ 的类别，支持向量分类机的基本思想就是最大化两类“间隔”，据此求出超平面的法方向 $\boldsymbol{w}$，然后利用法方向求出超平面的另一参数 b。图 1.2 给出线性可分的分类示意图。

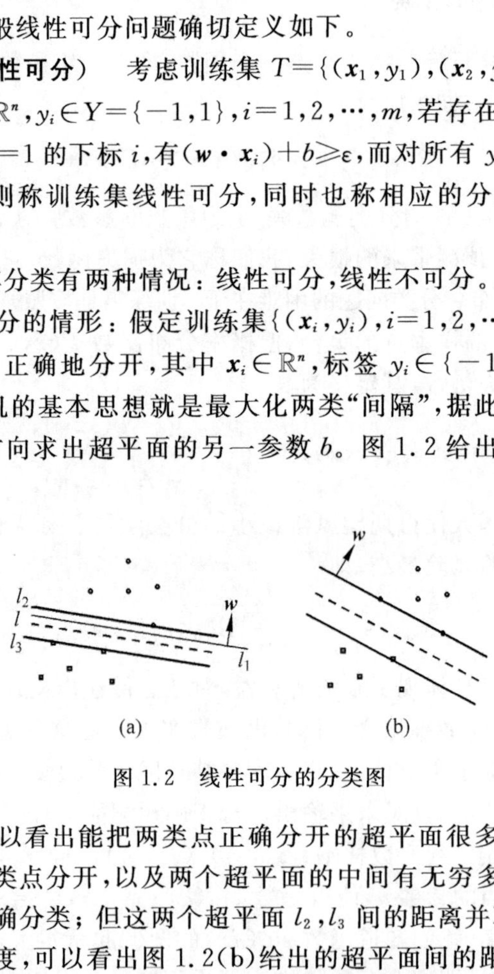

图 1.2 线性可分的分类图

从图 1.2(a)可以看出能把两类点正确分开的超平面很多，像图中的 l_1,l_2,l_3 超平面都可以将两类点分开，以及两个超平面的中间有无穷多个超平面也可以实现把两类点进行正确分类；但这两个超平面 l_2,l_3 间的距离并不是最大的，通过改变超平面的倾斜程度，可以看出图 1.2(b)给出的超平面间的距离最大。我们不难理解：数据点是不能动的，而这些超平面是可以动的，数据点离超平面的距离越大，数据模型就可以容忍数据的扰动，这样一来超平面对数据有更好的健壮性，即给出了最优超平面法方向 $\boldsymbol{w}\in\mathbb{R}^n$。进一步，对于选定的超平面的法方向$\boldsymbol{w}\in\mathbb{R}^n$，平行移动超平面使之达到两类点的边界，选取参数 b，则中间的超平面为我们所求的

超平面。如果再调整 w 和 b 的尺度，可以把两条极端直线规范化为 $(\boldsymbol{w}\cdot\boldsymbol{x})+b=+1$ 和 $(\boldsymbol{w}\cdot\boldsymbol{x})+b=-1$。通过这种直线方程 $(\boldsymbol{w}\cdot\boldsymbol{x})+b=0$ 的规范化可知，此时这两条直线的距离即相应的“间隔”为 $\frac{2}{\|\boldsymbol{w}\|}$，可以得到最优超平面到边界超平面的距离为 $\frac{1}{\|\boldsymbol{w}\|}$（范数为 2 范数，后面不再声明），两类点所对应的边界超平面的间隔为 $\frac{2}{\|\boldsymbol{w}\|}$，为了求解方便，目标函数常常改为求最小化 $\frac{1}{2}\|\boldsymbol{w}\|^2$。万普尼克给出了最大间隔超平面具有良好推广能力的定理[45]，根据此定理得到线性可分的支持向量分类机模型：

$$
\begin{aligned}
&\min_{\boldsymbol{w},b} \quad \frac{1}{2}\|\boldsymbol{w}\|^2 \\
&\text{s.t.} \quad y_i(\boldsymbol{x}_i\cdot\boldsymbol{w}+b)-1\geqslant 0, \quad i=1,2,\cdots,m。
\end{aligned}
\tag{1.1}
$$

模型(1.1)是一个凸二次规划。模型的求解方法现在流行的是通过它的沃尔夫对偶问题来求解[49]，按沃尔夫对偶理论得到原问题(1.1)的沃尔夫对偶问题：

$$
\begin{aligned}
&\max_{\boldsymbol{\alpha}} \quad W(\boldsymbol{\alpha})=\sum_{i=1}^{m}\alpha_i-\frac{1}{2}\sum_{i,j=1}^{m}\alpha_i\alpha_j y_i y_j \boldsymbol{x}_i\cdot\boldsymbol{x}_j \\
&\text{s.t.} \quad \sum_{i=1}^{m}\alpha_i y_i=0, \\
&\qquad\ \ \alpha_i\geqslant 0, \quad i=1,2,\cdots,m。
\end{aligned}
\tag{1.2}
$$

照例称问题(1.1)为原问题，问题(1.2)为对偶问题。利用沃尔夫对偶问题(1.2)，不但使问题(1.1)更好处理，而且可以看出样本在对偶问题(1.2)的目标函数中仅仅以向量内积的形式出现，正是这一重要特点，使支持向量分类机方法能推广到非线性情况，这是沃尔夫对偶问题带来的一个最好副产品，现在对 SVM 的研究一般都从沃尔夫对偶问题开始，而不是直接求解原问题(1.1)。为此经常先求解沃尔夫对偶问题(1.2)，得到对偶问题的解后，利用二者之间的关系求出原问题的最优解，得到分类函数，具体二者之间的关系将在第 2 章中详细论述。

其次看线性不可分情形，有两种处理方式。

第一种处理方式如科特斯和万普尼克在 1993 年[46]引进的软间隔最优超平面概念，引入常数 C；引入非负松弛变量 ξ_i，ξ_i 是对经验误差的度量。优化问题转化为平衡经验误差及决策函数的推广能力，为此优化问题(1.1)变形为

$$
\begin{aligned}
&\min_{\boldsymbol{w},b,\boldsymbol{\xi}} \quad \frac{1}{2}\|\boldsymbol{w}\|^2+C\left(\sum_{i=1}^{m}\xi_i\right) \\
&\text{s.t.} \quad y_i[(\boldsymbol{x}_i\cdot\boldsymbol{w})+b]+\xi_i\geqslant 1, \\
&\qquad\ \ \xi_i\geqslant 0, \quad i=1,2,\cdots,m。
\end{aligned}
\tag{1.3}
$$

这一方法适用于如排除个别样本点即成为线性可分情形，称为近似线性可分问题。最优化问题(1.3)的目标函数的第一项表示的是边界超平面的间隔，第二项表示经验误差；这里出现了惩罚参数 C，惩罚参数 C 的大小可以控制经验误差出现多少，从上述最优化问题的目标函数可以发现：惩罚参数 C 变大可以体现出我们重视经验误差，反之，C 变小可以体现出相对于经验误差来说，更重视决策函数的推广能力。问题(1.3)的直观表述可以参见图1.3。

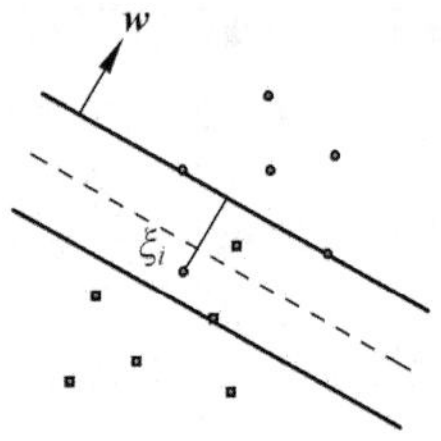

图1.3 近似线性可分的分类图

真正求解问题(1.3)，我们同样是求解其对偶问题：

$$\begin{aligned} \max_{\boldsymbol{\alpha}} \quad & W(\boldsymbol{\alpha}) = \sum_{i=1}^{m}\alpha_i - \frac{1}{2}\sum_{i,j=1}^{m}\alpha_i\alpha_j y_i y_j \boldsymbol{x}_i \cdot \boldsymbol{x}_j \\ \text{s.t.} \quad & \sum_{i=1}^{m}\alpha_i y_i = 0, \\ & 0 \leqslant \alpha_i \leqslant C, \quad i = 1,2,\cdots,m。 \end{aligned} \tag{1.4}$$

注 当参数 C 取正无穷，问题(1.3)退化为线性可分形式(1.1)，问题(1.4)退化为线性可分的情形(1.2)。

第二种处理方式是引入核函数[51]，对分类面是非线性函数的情况，可以将输入空间通过某种非线性变换 $\boldsymbol{\phi}: \mathbb{R}^n \to H$ 映射到一个特征空间 H。设空间 H 为内积空间，在空间 H 中存在线性的分类规则，可以构造线性的最优分类超平面，这时问题为求 H 的共轭空间的元素 $\bar{w}, \bar{b}, \boldsymbol{\xi}$，使其满足下面的优化问题：

$$\begin{aligned} \min_{w,b,\xi} \quad & \frac{1}{2}\|\bar{\boldsymbol{w}}\|^2 + C\left(\sum_{i=1}^{m}\xi_i\right) \\ \text{s.t.} \quad & y_i[(\bar{\boldsymbol{x}}_i \cdot \bar{\boldsymbol{w}}) + \bar{b}] + \xi_i \geqslant 1, \quad i = 1,2,\cdots,m, \\ & \xi_i \geqslant 0, \end{aligned} \tag{1.5}$$

其中 $\bar{\boldsymbol{x}}_i = \boldsymbol{\phi}(\boldsymbol{x}_i)$。

记函数 $K(\boldsymbol{x}_i, \boldsymbol{x}_j) = \langle \phi(\boldsymbol{x}_i), \phi(\boldsymbol{x}_j) \rangle$，则最优化问题(1.5)的沃尔夫对偶问题为

$$\begin{aligned} \max \quad & W(\boldsymbol{\alpha}) = \sum_{i=1}^{m}\alpha_i - \frac{1}{2}\sum_{i,j=1}^{m}\alpha_i\alpha_j y_i y_j K(\boldsymbol{x}_i, \boldsymbol{x}_j) \\ \text{s.t.} \quad & \sum_{i=1}^{m}\alpha_i y_i = 0, \\ & 0 \leqslant \alpha_i \leqslant C, \quad i = 1,2,\cdots,m。 \end{aligned} \tag{1.6}$$

如果 $\boldsymbol{\alpha}^*$ 是以上优化问题的解，决策函数为 $f(\boldsymbol{x}) = \text{sgn}\left(\sum_{i=1}^{m}\alpha_i^* y_i K(\boldsymbol{x}_i, \boldsymbol{x}) + b\right)$。这

样通过引入函数 $K(\boldsymbol{x},\boldsymbol{y})$ 和求解沃尔夫对偶问题而建立起决策函数，全部操作仍是在原来的输入空间 $\mathbb{R}^n$ 上进行的，而不管上述概念中的 H 具体是什么内积空间[52,53]。更进一步地，只要有一个恰当的函数 $K(\boldsymbol{x},\boldsymbol{y})$ 就可以构造出问题(1.6)，进而得出决策函数 $f(\boldsymbol{x})=\operatorname{sgn}\left(\sum_{i=1}^{m}\alpha_i^* y_i K(\boldsymbol{x}_i,\boldsymbol{x})+b\right)$，而不必知道非线性变换 $\boldsymbol{\phi}(\boldsymbol{x})$ 和空间 H 是什么，此函数 K 就是所谓的核函数。

常用的核函数有多项式核函数、高斯径向基核函数、Sigmoid 核函数、B 样条核函数等[50]。

(1) 多项式核(Poly)函数

$$\begin{cases}K(\boldsymbol{x},\boldsymbol{y})=(\boldsymbol{x}\cdot\boldsymbol{y})^d,\\ K(\boldsymbol{x},\boldsymbol{y})=((\boldsymbol{x}\cdot\boldsymbol{y})+1)^d,\end{cases}\quad d=1,2,\cdots。\tag{1.7}$$

通常我们推荐使用第二个多项式核函数，可以避免黑塞(Hesse)矩阵为 **0** 的情况。

(2) 高斯径向基函数(radial basis function, RBF)，其表达式是

$$K(\boldsymbol{x},\boldsymbol{y})=\exp\left(-\frac{(\boldsymbol{x}-\boldsymbol{y})^{\mathrm{T}}(\boldsymbol{x}-\boldsymbol{y})}{2\sigma^2}\right),\quad \boldsymbol{x},\boldsymbol{y}\in\mathbb{R}^n。\tag{1.8}$$

写成向量的分量形式为

$$K(\boldsymbol{x},\boldsymbol{y})=\exp\left(-\sum_{i=1}^{n}\frac{(x_i-y_i)^2}{2\sigma_i^2}\right),\quad \boldsymbol{x},\boldsymbol{y}\in\mathbb{R}^n。\tag{1.9}$$

RBF 核函数具有很强的生物背景和逼近任意非线性函数的能力，可以高速且以较高的精度完成预测工作，并且能以任意精度近似任何连续函数，在通常的情况下，我们认为 $\sigma_1^2=\sigma_2^2=\cdots=\sigma_n^2=\sigma^2$(这里定义参数为 σ^2，而不是 σ)，参数 σ^2 能控制函数的形状。

(3) Sigmoid 核函数

$$K(\boldsymbol{x},\boldsymbol{y})=\tanh(k(\boldsymbol{x}\cdot\boldsymbol{y})+v)，其中\ k>0,v<0。\tag{1.10}$$

这个函数不是正定核，但它在某些实际应用中却非常有效。

(4) B 样条核函数，以 τ 为节点的一维 p 阶样条核函数：

$$K(x,x')=\sum_{j=1}^{m}(x-\tau_j)_+^p(x'-\tau_j)_+^p,\quad \forall x,x'\in\mathbb{R},\tag{1.11}$$

其中

$$x_+^p=\begin{cases}x^p, & x>0,\\ 0, & x\leqslant 0。\end{cases}\tag{1.12}$$

在实际应用中，我们常使用带有软间隔的支持向量分类机方法，它有两方面的好处：一方面当参数 C 变为正无穷时，$\phi(\boldsymbol{x}_i)=\boldsymbol{x}_i$，问题(1.5)则退化为问题(1.1)，

即退化为线性可分支持向量分类机模型，可以解决线性可分情况；另一方面，当样本点线性可分时，却因为存在少数样本点使得两类间隔过小，这时考虑用线性可分支持向量分类机所得到的决策函数并不见得是最好的，因为这些少数样本点的存在严重影响了最优分划超平面。我们常把问题(1.5)称为标准的支持向量分类机，也称为C-支持向量分类机(C-support vector classification，C-SVC)，它也被广泛地应用。

支持向量分类机的优点：(1)它是结构风险最小化的具体实现；(2)它具有良好的推广能力；(3)从线性分类出发，通过核函数实现非线性分类；(4)支持向量分类机模型是凸二次规划模型。支持向量分类机的核心思想是寻找一种算法在经验风险和推广能力二者之间去平衡。

1.3 支持向量分类机已有研究

支持向量机作为一种新的机器学习方法，它研究的目标就是从 m 个独立同分布观测样本

$$(\boldsymbol{x}_1, y_1), (\boldsymbol{x}_2, y_2), \cdots, (\boldsymbol{x}_m, y_m)$$

出发，寻找一个函数对其依赖关系进行最优估计。根据学习内容，支持向量机分为支持向量分类机和支持向量回归机两类。

支持向量分类机算法出现不久就引起了国际上众多学者的关注，他们在支持向量分类机算法的理论研究和应用研究方面有很大进展。近些年，国内外有关学者在此方面的研究也很多，如文献[54～59]。

由于支持向量分类机在许多应用领域表现出较好的推广能力，自20世纪90年代提出以后，得到了广泛的研究。目前，对支持向量分类机的研究主要有：各种改进的支持向量分类机模型、支持向量分类机求解算法，统计学习理论基础，以及各种应用领域的推广等。

1.3.1 支持向量分类机模型研究现状

标准的支持向量分类机方法是我们前面介绍的算法，但人们通过增加函数项或修改变量系数等方法使标准的支持向量分类机中的最优化问题变形，用来解决某一类问题和适用某种优化算法。这里分别加以介绍。

1. C-支持向量分类机系列方法

由于万普尼克在1995年[2]最早提出的支持向量分类机方法含有常数 C，为此将这种方法称为标准的支持向量分类机方法，称为C-SVC方法。这一方法是基于前面介绍的支持向量分类机的基本思想而建立的。在文献[60]中，将原始最优化

问题(1.3)中的松弛变量 $\sum_{i=1}^{m}\xi_i$ 改成二次形式 $\sum_{i=1}^{m}\xi_i^2$，进一步，将其改为 k 次方，$k>1$，得到更广泛的算法。文献[61] 和文献[62]，在原始问题的目标函数中增加一项 $b^2/2$，保证了决策函数 b 的唯一性，而且对偶问题少了等式约束 $\sum_{i=1}^{m}y_i\alpha_i=0$ 而只含有边界约束，此时得到的算法不仅提高了收敛速度，而且推广误差也是可以接受的。

标准的 C-SVC 算法需要求解一个凸二次规划问题，如果问题规模太大，求解速度、精度都是一个问题，需要建立专门的算法。但线性规划问题的求解方法十分成熟，由此人们也建立了线性规划形式的支持向量分类方法[63]，即 1-范数支持向量机方法(1-norm SVM)，1-范数支持向量机有很广泛的优点[64]。

2. ν-支持向量分类机系列方法

使用 C-SVC 方法需要选取合适的参数 C，但 C 没有直观的意义，在实际应用中有时很难选取，斯科尔科普夫(Scholkopf)[65]提出了 ν-支持向量分类机(ν-SVC)方法，用参数 ν 代替 C，$\nu\in[0,1]$，ν 是有明确含义的[66]，由最优性条件得到它满足 $\sum_{i=1}^{m}\alpha_i\geqslant\nu$，$\nu$ 是间隔错误样本的个数占总样本个数的比的上界，同时又是支持向量的个数占总样本比的下界，所以 ν 易于选择。在文献[67] 中，详细地讨论了 ν-SVC 和 C-SVC 两种算法之间的关系，这两类算法是目前常用的算法。文献[61] 将标准的 ν-SVC方法中最优化问题的目标函数加一项 $b^2/2$，得到Bounded ν-SVC算法，该算法试验结果有很高的精度。与此同时，文献[67] 提出了与 ν-SVC 相应的线性规划支持向量分类方法。

3. 加权支持向量分类机方法

在标准的支持向量分类 C-SVC 算法中，对每个样本点同等对待，在实际应用中，为了弥补这一缺陷，文献[68] 引入了加权支持向量分类机，对每个点或不同类的点加上不同的系数，即把模型(1.3) 目标函数的变量项 $C\sum_{i=1}^{m}\xi_i$ 改为 $\sum_{i=1}^{m}C_i\xi_i$，即变为加权支持向量机模型

$$
\begin{aligned}
\min_{\boldsymbol{w},b,\boldsymbol{\xi}} \quad & \frac{1}{2}\|\boldsymbol{w}\|^2+\sum_{i=1}^{m}C_i\xi_i \\
\text{s. t.} \quad & y_i[(\boldsymbol{x}_i\cdot\boldsymbol{w})+b]+\xi_i\geqslant 1, \\
& \xi_i\geqslant 0,\quad i=1,2,\cdots,m。
\end{aligned}
\tag{1.13}
$$

此模型更进一步区分每个样本点的重要性。文献[69]提出了模糊支持向量分类机方法，为每个样本点都赋予一个模糊隶属度。文献[70,71]针对不确定的分类问

题，提出不确定支持向量分类机算法，对模糊支持向量分类机方法作了推广。模糊支持向量机的理论和应用研究目前也有很大的进展[72~79]。

对多类问题，支持向量分类机方法也有广泛的研究。虽然支持向量分类机方法起初是针对两类分类问题而提出的，但如何把两类分类方法推广到多类问题上也是支持向量分类机理论研究的重要内容之一。目前，将支持向量分类机的思想应用于解决多类问题的方法，主要有一类对多类(one-vs-others)、加强的一类对多类(unique one-vs-others)、成对分类(all-vs-all)等[80,81]。

1.3.2 支持向量分类机算法研究现状

支持向量分类机问题的沃尔夫对偶仍是一个二次规划问题，经典的解法有积极集法、对偶方法、内点法[82,83]等，但当训练样本增多时，这些算法便面临着计算量过大、内存限制而导致无法训练，无法应用 SVM 进行模式分类。

第一类：分解算法，由于支持向量分类机所对应的二次规划是凸二次规划，问题的解具有稀疏性，利用这些特点可以解决大型的分类问题：将大型问题分解为若干小型问题，按照某种迭代方法，停机准则，求出问题的最优解。

奥苏纳(Osuna)[84]针对 SVM 训练速度慢、空间复杂度大的问题，利用此二次规划的凸性、解的稀疏性等特点提出了分解(decomposing)算法。该算法的关键在于选择一种最优的工作集选择算法，奥苏纳的工作集选择算法也并不是最优的，但是奥苏纳的这一工作应该说是开创性的，并为后来的研究奠定了基础。

普莱特(Platt)[85] 提出了序贯最小优化算法 (sequential minimal optimization, SMO)来解决大训练样本的问题。该算法可以说是奥苏纳分解算法的一个特例，其优点是针对两个样本的二次规划问题可以有解析解的形式，从而避免了多样本情形下的数值解不稳定及耗时问题，同时也不需要大的矩阵存储空间，工作集的选择也别具特色，不是传统的最陡下降法，而是启发式。关于 SMO 算法收敛的理论分析在文献[86]中有详尽的证明。

乔奇姆斯(Joachims)[87]针对文献[84,85]提出了具体的 SVM 实现算法，并在软件包 SVMlight 中实现了这一算法。在实现细节上，乔奇姆斯对常用的参数进行缓存 (cache)，并对二次规划问题进行缩减(shrinking)，从而使算法能较好地处理大规模的训练集问题。

凯尔蒂(Keerthi)[88]等通过对普莱特的 SMO 算法进行分析，提出了重大改进，即在判别解的最优条件时，用两个阈值代替一个阈值，从而使算法更加合理，速度更快，并通过实际数据库的对比，证明了此算法确实比传统的 SMO 算法快；罗南(Ronan)等[89]将考虑了上述改进的 SMO 算法应用于分类和回归问题，开发了比 SVMlight 更强的软件包。

许智伟(Chih-Wei Hsu)[90]通过改变 SVM 的提法提出了一种类似的简单训练算法 BSVM[84]，主要是针对 SVM 得到一种不同的数学提法，从而使算法简单易行。文献[91]基于感知机中的 Adatron 算法考虑训练样本序贯加入，考虑其对支持向量有何影响，算法简单易行，适合软间隔的分类问题。

第二类：在线训练，即在训练样本单个输入的情况下进行支持向量机的训练。最典型的应用是系统的在线辨识。文献[92]最早提出了 SVM 增量训练，但只是近似的增量，即每次只选一小批常规二次规划算法能处理的训练样本，由于解只受支持向量影响，所以只保留支持向量，抛弃非支持向量，再与新进的样本混合进行训练，直到训练样本用完，经实验表明误差可以接受。文献[93]提出了在线训练的精确解，即增加一个训练样本或减少一个样本对拉格朗日(Lagrange)系数和支持向量机的影响，实验表明算法是有效的，特别是减少一个样本时，是对模型选择算法 LOO(leave one out)的形象解释。

此外有许多其他算法，张学工[59]提出了聚类支持向量机(cluster support vector machines，CSVM)算法，将每类训练样本集进行聚类分成若干子集，用子集中心组成新的训练样本集训练 SVM，将子集中心的系数赋给子集中每个样本，考查每个子集的每个样本的系数的改变对目标函数的影响。若一个子集所有样本对目标函数的影响不同，则进一步划分，直到没有新的拆分为止。优点是提高了算法速度，缺点是牺牲了解的稀疏性。

1.3.3 支持向量分类机的应用

支持向量分类机方法是在机器学习的大背景下产生的，机器学习是现代智能技术中的重要方面，是研究从观测数据(样本)出发如何寻找规律，并利用这些规律对未来数据或无法观测的数据进行预测，为此支持向量分类机方法有着广泛的应用领域：如手写体识别[94]、人脸检测[95]、文本分类[96]，生物信息[97,98]等领域，从而推动了其在其他模式识别领域的应用。

生物信息学是近年来倍受人们关注的一门新学科，支持向量分类机在该领域的应用有着十分广阔的前景[98~103,121~125]。

到目前为止，对支持向量分类机的研究主要集中在对其本身性质以及求解方法的研究，包括模型中参数的选取、最优解求解算法、推广能力等；而没有考虑训练集中训练数据误差对解的影响。在实际应用中，训练数据多是来源于测定值，多高级的测定方法、多精密的测量仪器得到的数据都存在误差，这就导致了一个问题：数据误差对解的影响到底有多大？本书对此进行了一定的研究，建立了支持向量分类机的数据扰动分析方法，作为数据扰动分析方法的应用，建立了实用的数据扰动分析算法。

1.4 主要研究内容

(1) 建立了支持向量分类机的数据扰动分析理论和方法。具体针对支持向量分类机的各个模型(加权线性支持向量分类机、ν-线性支持向量分类机、一般的支持向量分类机、线性可分支持向量分类机)都给出了数据扰动分析基本定理以及计算解和决策函数对数据参数的偏导数方法。此外还给出在具体应用中,定理条件中线性无关条件不能满足时的处理方法。在定理建立过程中,还得到在很弱的条件假设下支持向量分类机解满足二阶充分条件、强二阶充分条件这个重要性质。

(2) 建立的数据扰动分析方法有三个方面的应用。利用得到的支持向量分类机解以及决策函数关于数据的偏导数可以定量回答数据误差对于最优解以及决策函数值的定量影响,给定数据误差,可以计算决策函数在测试样本处的微分,利用微分决策测试样本的类别;利用偏导数可以给出输入数据的各种不同变化形式下所对应的近似解;此外用于支持向量分类机模型中数据不同分量权重的分析等问题,给出了一种特征提取(在既有的向量型特征中减少特征)的方法。

(3) 在决策函数阈值不唯一的情况下,而数据扰动分析方法又要求唯一性,本书通过改变某一支持向量的系数,在不影响具体应用问题解决的前提下,提出了使阈值唯一化的一个解决方法,同时给出系数变化后最优解的理论结果。

(4) 针对线性支持向量回归机所对应的非线性规划特点,形成实用的线性支持向量回归机数据扰动分析理论,给出了数据扰动对回归决策函数如何影响的定量分析。

1.5 组织结构

结构安排如下:

第1章:概述支持向量分类机研究的背景、历史及现状,包括支持向量分类机的基本思想及其各种变形模型,求解支持向量分类机的各种算法以及应用领域等,并指出将要研究的内容和所做的主要工作。

第2章:详细地介绍线性可分问题的线性分划,最大间隔算法,线性不可分问题的近似线性分划,核函数、标准支持向量分类机模型以及解的性质,凸规划的最优化理论,非线性规划的基本概念——孤立局部最优解、二阶充分条件、实用的非线性规划灵敏度分析基本定理,以及实用的非线性规划灵敏度分析的其他成果。

第3章:从凸二次规划理论出发研究了加权支持向量分类机原始模型和对偶模型解的关系,并指出现有方法在部分情况下无法利用现有的公式来求解决策函数中的阈值，给出了加权支持向量分类机在求解决策函数中的阈值不唯一的充分必要条件。在不影响应用问题解决的前提下，通过修改支持向量分类机模型参数，回避掉阈值不唯一的困扰，给出了决策函数不唯一情况下的一种解决办法。

第 4 章：从原问题角度建立了加权线性支持向量分类机的数据扰动分析方法。具体地引入非线性规划的灵敏度分析理论，建立了各个线性支持向量分类机原始问题的数据扰动分析理论和方法。给出二阶充分条件假设、严格互补假设、起作用约束梯度线性无关假设的各个理论情况。在这三条基本假设前提下，得到数据误差对于最优解以及决策函数值影响的定量结果，给出了支持向量分类机解对数据变化的近似依赖关系，同时根据数据不同分量对解的影响，提出一种特征提取的方法。

第 5 章：从对偶问题的角度建立了加权支持向量分类机的数据扰动分析方法。考虑到支持向量机的广泛应用主要源于核函数的引用，对偶问题中恰好包含了核函数，判决函数也通过核函数表示，本章详细研究了数据误差对支持向量分类机对偶问题最优解的影响，给出了相应的理论结果。通过对偶问题最优解的数据扰动分析，建立了实用的可计算的数据扰动分析方法，开辟了支持向量机算法新的研究领域。此外解决支持向量分类机模型中数据不同分量权重的分析等问题，给出了一种特征压缩的方法。

第 6 章：从原问题角度建立了加权线性支持向量回归机的数据扰动分析方法。具体地引入非线性规划的灵敏度分析理论，建立了线性支持向量回归机原始问题的数据扰动分析理论和方法。给出二阶充分条件假设、严格互补假设、起作用约束梯度线性无关假设的各个理论情况。在这三条基本假设前提下，得到数据误差对于最优解以及决策函数值影响的定量结果，给出了支持向量回归机解对数据变化的近似依赖关系。

第 2 章

支持向量分类机算法及预备知识

支持向量分类机是解决分类问题的一种有效算法。本章详细地介绍了线性支持向量分类机线性分划的最大间隔法，近似线性分划的推广的最大间隔法，以及线性支持向量分类机模型解的性质，介绍了标准支持向量分类机模型以及解的性质，标准支持向量分类机算法。此外还叙述了本章用到的凸规划的最优化理论[104]以及实用的非线性规划灵敏度分析的基本内容[105]，为后面的研究工作做准备。

2.1 线性支持向量分类机

2.1.1 线性可分问题的线性分划

1. 最大间隔法

对于图 2.1 所示的两类点，它显然可以采用线性超平面进行正确分划，图 2.1 中虚线所示的超平面为最优的超平面，它体现了最大间隔法的思想。

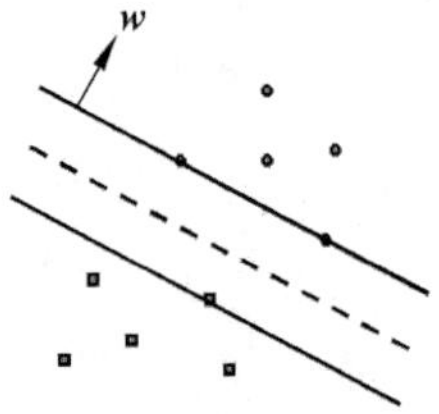

图 2.1 最大间隔法

算法 2.1.1(最大间隔法)

(1) 设训练集 $T=\{(\boldsymbol{x}_1,y_1),(\boldsymbol{x}_2,y_2),\cdots,(\boldsymbol{x}_m,y_m)\}\in(X\times Y)^m$，其中 $\boldsymbol{x}_i\in X=\mathbb{R}^n$，$y_i\in Y=\{-1,1\}$，$i=1,2,\cdots,m$。

(2) 构造并求解对变量 $\boldsymbol{w},b$ 的最优化问题

$$\begin{aligned}\min_{\boldsymbol{w},b}\quad & \frac{1}{2}\|\boldsymbol{w}\|^2\\ \text{s.t.}\quad & y_i(\boldsymbol{x}_i\cdot\boldsymbol{w}+b)-1\geqslant 0,\quad i=1,2,\cdots,m,\end{aligned}\tag{2.1}$$

求得最优解 $\boldsymbol{w}^*,b^*$。

(3) 得到决策函数 $f(\boldsymbol{x})=\operatorname{sgn}(\boldsymbol{w}^* \cdot \boldsymbol{x}+b^*)$。

对于问题(2.1),一定存在唯一的最优解 $\boldsymbol{w}^*, b^*$,定理 2.1.2 将给出回答。

定理 2.1.2 若训练集是线性可分的,则最大间隔法构造的问题(2.1)的超平面存在且唯一。

2. 线性可分支持向量分类机

在实际应用中经常求解问题(2.1)的对偶问题:

$$\begin{aligned} \max_{\boldsymbol{\alpha}} \quad & W(\boldsymbol{\alpha}) = \sum_{i=1}^{m}\alpha_i - \frac{1}{2}\sum_{i,j}^{m}\alpha_i\alpha_j y_i y_j (\boldsymbol{x}_i \cdot \boldsymbol{x}_j) \\ \text{s.t.} \quad & \sum_{i=1}^{m}\alpha_i y_i = 0, \\ & \alpha_i \geqslant 0, \quad i = 1,2,\cdots,m。\end{aligned} \tag{2.2}$$

由对偶理论可推出问题(2.1)与问题(2.2)的解的关系,由以下定理 2.1.3 说明,从而得到算法 2.1.4。

定理 2.1.3 设 $T=\{(\boldsymbol{x}_1,y_1),(\boldsymbol{x}_2,y_2),\cdots,(\boldsymbol{x}_m,y_m)\}\in(X\times Y)^m$ 是一个线性可分的训练集,若 $\boldsymbol{\alpha}^*=(\alpha_1^*,\alpha_2^*,\cdots,\alpha_m^*)^{\mathrm{T}}$ 是问题(2.2)的最优解,假设至少有一个 $\alpha_i^*>0$,令

$$\boldsymbol{w}^* = \sum_{i=1}^{m} y_i\alpha_i^*\boldsymbol{x}_i;\ b^* = y_j - \sum_{i=1}^{m} y_i\alpha_i^*(\boldsymbol{x}_i \cdot \boldsymbol{x}_j), \quad j \in \{j \mid \alpha_j^* > 0\},$$

则 $(\boldsymbol{w}^*, b^*)$ 是问题(2.1)的最优解。

算法 2.1.4(线性可分支持向量分类机)

(1) 构造并求解最优化问题(2.2),得最优解 $\boldsymbol{\alpha}^*=(\alpha_1^*,\alpha_2^*,\cdots,\alpha_m^*)^{\mathrm{T}}$。

(2) 令 $\boldsymbol{w}^* = \sum_{i=1}^{m} y_i\alpha_i^*\boldsymbol{x}_i;\ b^* = y_j - \sum_{i=1}^{m} y_i\alpha_i^*(\boldsymbol{x}_i \cdot \boldsymbol{x}_j), j \in \{j \mid \alpha_j^* > 0\}$。

(3) 构造最优超平面 $\boldsymbol{w}^* \cdot \boldsymbol{x}+b^*=0$,由此得到决策函数 $f(\boldsymbol{x})=\operatorname{sgn}(\boldsymbol{w}^* \cdot \boldsymbol{x}+b^*)$。

注 1 “支持向量”是指训练集中的某些训练输入点 $\boldsymbol{x}_i$,事实上,最优化问题(2.2)的解 $\boldsymbol{\alpha}^*$ 的每一个分量 α_i^* 都与一个训练点相对应 $(\boldsymbol{x}_i, y_i)$,我们称相应的 $\boldsymbol{\alpha}_i^*$ 不为零的训练输入 $\boldsymbol{x}_i$ 为支持向量。

显然,只有支持向量对最终求得的 $\boldsymbol{w}^*$ 有影响,b^* 与支持向量以及对应的输出有关,换句话说,最终得到的最优超平面的法方向完全由支持向量决定,而与非支持向量无关,因此称这种方法为支持向量分类机。

注 2 解问题(2.1)的对偶问题,不但使问题更好处理,能够求得支持向量,而且使样本在问题中仅仅以向量点积的形式出现,正是这一重要特点,使支持向量分类机方法能够推广到非线性情况。由于对偶问题带来这些好处,现在对支持向量

机的研究一般都从对偶问题开始,而不直接求解其原始问题,原始问题的解通过其与对偶问题的解的关系来得到。

注 3 算法 2.1.4 中步骤(2)假设至少有一个 $\alpha_i^* > 0$,这种假设合理性可以通过 $\boldsymbol{w}^* \neq \boldsymbol{0}$ 来理解。

注 4 对于线性可分问题,问题(2.2)的目标函数虽然不严格凸,但定理 2.1.2 给出对应问题(2.1)的解$(\boldsymbol{w}^*, b^*)$是唯一的。

2.1.2 线性不可分问题的线性分划

对于线性不可分问题,如果线性分划造成的错分点较少,仍考虑使用线性分划,这时需将前面的方法推广。

1. 推广的最大间隔法

修改最优化问题(2.1),可以得到推广的最大间隔法,现在有两个目标:仍希望间隔$\frac{2}{\|\boldsymbol{w}\|}$尽可能大,同时希望错划程度 $\sum_{i=1}^{m}\xi_i$ 尽可能小。这种考虑导出推广的最大间隔法。

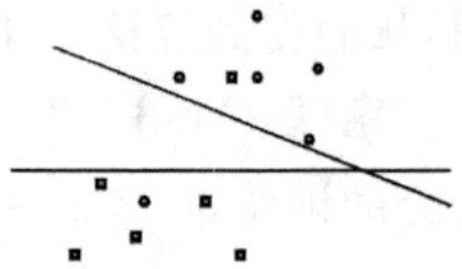

图 2.2 推广的最大间隔法

算法 2.1.5(推广的最大间隔法)

(1) 构造并求解对变量 $\boldsymbol{w}, b$ 和$\boldsymbol{\xi} = (\xi_1, \xi_2, \cdots, \xi_m)^{\mathrm{T}}$ 的最优化问题:

$$
\begin{aligned}
\min_{\boldsymbol{w},b,\boldsymbol{\xi}} \quad & \frac{1}{2}\|\boldsymbol{w}\|^2 + C\sum_{i=1}^{m}\xi_i \\
\text{s.t.} \quad & g_i(\boldsymbol{w},b,\boldsymbol{\xi}) = -y_i(\boldsymbol{x}_i \cdot \boldsymbol{w} + b) - \xi_i + 1 \leqslant 0, \quad i = 1,2,\cdots,m, \\
& g_{m+i}(\boldsymbol{w},b,\boldsymbol{\xi}) = -\xi_i \leqslant 0, \quad i = 1,2,\cdots,m,
\end{aligned}
\tag{2.3}
$$

其中 C 为某个事先取定的惩罚参数,求得最优解 $\boldsymbol{w}^*, b^*$ 和$\boldsymbol{\xi}^*$。

(2) 构造最优超平面 $\boldsymbol{w}^* \cdot \boldsymbol{x} + b^* = 0$,由此得到决策函数

$$f(\boldsymbol{x}) = \mathrm{sgn}(\boldsymbol{w}^* \cdot \boldsymbol{x} + b^*)。$$

2. 推广的线性支持向量分类机

与讨论线性可分问题时类似引入问题(2.3)的对偶问题:

$$
\begin{aligned}
\max_{\boldsymbol{\alpha}} \quad & W(\boldsymbol{\alpha}) = \sum_{i=1}^{m}\alpha_i - \frac{1}{2}\sum_{i,j=1}^{m}\alpha_i\alpha_j y_i y_j (\boldsymbol{x}_i \cdot \boldsymbol{x}_j) \\
\text{s.t.} \quad & \sum_{i=1}^{m}\alpha_i y_i = 0, \\
& C \geqslant \alpha_i \geqslant 0, \quad i = 1,2,\cdots,m。
\end{aligned}
\tag{2.4}
$$

从而得到如下算法。

算法 2.1.6(推广的线性支持向量分类机)

(1) 构造并求解最优化问题(2.4),得最优解 $\boldsymbol{\alpha}^* = (\alpha_1^*, \alpha_2^*, \cdots, \alpha_m^*)^{\mathrm{T}}$。

(2) 令 $\boldsymbol{w}^* = \sum_{i=1}^{m} y_i \alpha_i^* \boldsymbol{x}_i$; $b^* = y_j - \sum_{i=1}^{m} y_i \alpha_i^* (\boldsymbol{x}_i \cdot \boldsymbol{x}_j), j \in \{j \mid 0 < \alpha_j^* < C\}$。

(3) 构造分划超平面 $\boldsymbol{w}^* \cdot \boldsymbol{x} + b^* = 0$ 或决策函数 $f(\boldsymbol{x}) = \mathrm{sgn}(\boldsymbol{w}^* \cdot \boldsymbol{x} + b^*)$。

注 1 算法 2.1.6 步骤(2) 假设至少有一个 $C > \alpha_i^* > 0$,这种假设不一定成立,如果不存在满足这样条件的 α_i^*,公式 $b^* = y_j - \sum_{i=1}^{m} y_i \alpha_i^* (\boldsymbol{x}_i \cdot \boldsymbol{x}_j)$ 将失效,该如何解决?文献[50] 给出具体推导以及计算过程。

注 2 问题(2.3)的最优解$(\boldsymbol{w}^*, b^*, \boldsymbol{\xi}^*)$是存在的但并不唯一,但是 $\boldsymbol{w}^*$ 是唯一的,b^* 可能不唯一,文献[50]给出证明,且有例子说明。

当 b^* 不唯一时,在实际应用中如何选取决策函数 $f(\boldsymbol{x}) = \mathrm{sgn}(\boldsymbol{w}^* \cdot \boldsymbol{x} + b^*)$就是一个问题。从实际应用的角度,本书提出了一种使 b^* 唯一的解决方法,具体见第 3 章。

关于原始问题(2.3)解的有关性质,下面列出文献[50]中已有的理论结果。

定义 2.1.7 称$(\boldsymbol{w}^*, b^*)$是原始问题(2.3)关于$(\boldsymbol{w}, b)$的解,如果存在着$\boldsymbol{\xi}^*$,使$(\boldsymbol{w}^*, b^*, \boldsymbol{\xi}^*)$是该问题的解;称 $\boldsymbol{w}^*$ 是原始问题(2.3)的解,如果存在着 $b^*, \boldsymbol{\xi}^*$,使$(\boldsymbol{w}^*, b^*, \boldsymbol{\xi}^*)$是该问题的解,同样可定义其他情形。

定理 2.1.8 原始问题(2.3)关于$(\boldsymbol{w}, b)$的解是存在的。

定理 2.1.9 原始问题(2.3)关于 $\boldsymbol{w}$ 的解是唯一的。

定理 2.1.10 原始问题(2.3)关于 b 的解是一个闭区间$[\lambda_1, \lambda_2]$。

定理 2.1.11 对于原始问题(2.3),存在着 $\boldsymbol{w}^* \in \mathbb{R}^n$,和 $\lambda_1, \lambda_2 \in \mathbb{R}$,使得该问题关于$(\boldsymbol{w}, b)$的解的集合可以表示为

$$\{(\boldsymbol{w}, b) \mid \boldsymbol{w} = \boldsymbol{w}^*, b \in [\lambda_1, \lambda_2]\}。 \tag{2.5}$$

定理 2.1.12 对于原始问题(2.3)关于$(\boldsymbol{w}, b)$的解的集合,假设$(\boldsymbol{w}, b, \boldsymbol{\xi})$为问题的一个解,若定义集合

$$N_1 = \{i \mid y_i = 1, \boldsymbol{w} \cdot \boldsymbol{x}_i + b < 1\}, \quad N_2 = \{i \mid y_i = -1, \boldsymbol{w} \cdot \boldsymbol{x}_i + b > -1\},$$
$$N_3 = \{i \mid y_i = 1, \boldsymbol{w} \cdot \boldsymbol{x}_i + b = 1\}, \quad N_4 = \{i \mid y_i = -1, \boldsymbol{w} \cdot \boldsymbol{x}_i + b = -1\},$$

则集合(2.5)中 $\lambda_1 < \lambda_2$ 的充要条件是下面两种情况至少有一个成立:

(1) $|N_1| = |N_2| + |N_4|$;

(2) $|N_2| = |N_1| + |N_3|$。

其中$|N_i|$为集合 $N_i (i=1,2,3,4)$所含的元素个数。

在实际使用过程中,我们通常求解它的对偶问题,利用对偶问题的解与原始问题的解之间的关系来求得分类超平面。我们首先利用沃尔夫对偶理论推导出问题

(2.3)的对偶问题。

定理 2.1.13 原始问题(2.3)的对偶问题是

$$\max_{\alpha} \quad W(\boldsymbol{\alpha}) = \sum_{i=1}^{m}\alpha_i - \frac{1}{2}\sum_{i,j=1}^{m}\alpha_i\alpha_j y_i y_j (\boldsymbol{x}_i \cdot \boldsymbol{x}_j)$$

$$\text{s.t.} \quad \begin{cases} \sum_{i=1}^{m}\alpha_i y_i = 0, \\ C \geqslant \alpha_i \geqslant 0, \quad i = 1,2,\cdots,m。\end{cases} \tag{2.6}$$

定理 2.1.14 设$(\boldsymbol{w}^*, b^*, \boldsymbol{\xi}^*)$是原始问题(2.3)的解，则对偶问题(2.6)必有最优解$\boldsymbol{\alpha}^* = (\alpha_1^*, \alpha_2^*, \cdots, \alpha_m^*)^{\mathrm{T}}$ 使得

$$\boldsymbol{w}^* = \sum_{i=1}^{m}\alpha_i^* y_i \boldsymbol{x}_i, \tag{2.7}$$

其中系数 α_i^* 只有当相应的样本点使 $y_i(\boldsymbol{w}\cdot\boldsymbol{x}_i + b) + \xi_i = 1$ 成立时才可能非零。

由于对偶问题的解不唯一，上述定理不能作为建立算法的基础，引出下面的定理。

定理 2.1.15 设$\boldsymbol{\alpha}^* = (\alpha_1^*, \alpha_2^*, \cdots, \alpha_m^*)^{\mathrm{T}}$ 是对偶问题(2.6)的任一解，若存在着$\boldsymbol{\alpha}^*$的分量 $\alpha_k^* \in (0, C)$，则原始问题(2.3)关于$(\boldsymbol{w}, b)$的解存在且唯一，其中

$$\boldsymbol{w}^* = \sum_{i=1}^{m}\alpha_i^* y_i \boldsymbol{x}_i, \tag{2.8}$$

$$b^* = y_k - \sum_{i=1}^{m} y_i \alpha_i (\boldsymbol{x}_i \cdot \boldsymbol{x}_k)。 \tag{2.9}$$

定理 2.1.16 设$\boldsymbol{\alpha}^* = (\alpha_1^*, \alpha_2^*, \cdots, \alpha_m^*)^{\mathrm{T}}$ 是对偶问题(2.6)的任一解，若不存在着$\boldsymbol{\alpha}^*$的分量 $\alpha_k^* \in (0, C)$，则原始问题(2.3)关于$(\boldsymbol{w}, b)$的解是存在的，关于 $\boldsymbol{w}$ 是唯一的，关于 b 不一定唯一。此时原始问题的最优解$(\boldsymbol{w}^*, b^*)$的集合表示为$\{(\boldsymbol{w}, b) \mid \boldsymbol{w} = \boldsymbol{w}^*, b \in [\lambda_1, \lambda_2]\}$，其中

$$\boldsymbol{w}^* = \sum_{i=1}^{m}\alpha_i^* y_i \boldsymbol{x}_i, \tag{2.10}$$

$$\lambda_1 = \max\{-1 - \boldsymbol{w}\cdot\boldsymbol{x}_i \mid y_i = -1, \alpha_i = C;\ 1 - \boldsymbol{w}\cdot\boldsymbol{x}_i \mid y_i = 1, \alpha_i = 0\}, \tag{2.11}$$

$$\lambda_2 = \min\{1 - \boldsymbol{w}\cdot\boldsymbol{x}_i \mid y_i = 1, \alpha_i = C;\ -1 - \boldsymbol{w}\cdot\boldsymbol{x}_i \mid y_i = -1, \alpha_i = 0\}。 \tag{2.12}$$

考虑输入空间$\mathbb{R}^n$ 到一个高维希尔伯特(Hilbert)空间 H 变换 ϕ: $\boldsymbol{x} \to \bar{\boldsymbol{x}} = \boldsymbol{\phi}(\boldsymbol{x})$，利用这个变换，原来的训练集相应变换为空间 H 中的训练集，然后在空间 H 中寻找一个超平面，得到标准的支持向量分类机问题。

2.2 标准支持向量分类机

标准支持向量分类机原始问题

$$\begin{aligned} \min_{\bar{w},\bar{b},\xi} \quad & \frac{1}{2}\|\bar{w}\|^2 + C\left(\sum_{i=1}^{m}\xi_i\right) \\ \text{s. t.} \quad & y_i[(\bar{x}_i \cdot \bar{w}) + \bar{b}] + \xi_i \geqslant 1, \\ & \xi_i \geqslant 0, \quad i = 1,2,\cdots,m。\end{aligned} \tag{2.13}$$

其中$\bar{w}$是特征空间超平面的法向量，$\bar{x}_i = \boldsymbol{\phi}(\boldsymbol{x}_i)$。

定理 2.2.1 若对应变换的核函数满足 $K(\boldsymbol{x},\boldsymbol{x}') = \boldsymbol{\phi}(\boldsymbol{x}) \cdot \boldsymbol{\phi}(\boldsymbol{x}')$，则原始问题(2.13)的对偶问题为

$$\begin{aligned} \max_{\boldsymbol{\alpha}} \quad & W(\boldsymbol{\alpha}) = \sum_{i=1}^{m}\alpha_i - \frac{1}{2}\sum_{i,j}^{m}\alpha_i\alpha_j y_i y_j K(\boldsymbol{x}_i,\boldsymbol{x}_j) \\ \text{s. t.} \quad & \sum_{i=1}^{m}\alpha_i y_i = 0, \\ & C_i \geqslant \alpha_i \geqslant 0, \quad i = 1,2,\cdots,m, \end{aligned} \tag{2.14}$$

其中 $K(\boldsymbol{x}_i,\boldsymbol{x}_j) = \boldsymbol{\phi}(\boldsymbol{x}_i) \cdot \boldsymbol{\phi}(\boldsymbol{x}_j)$。

定理 2.2.2 若 $K(\boldsymbol{x},\boldsymbol{y})$为正定核，则对偶问题(2.14)必有解。

注 正定核的意思是 $K(\boldsymbol{x},\boldsymbol{y})$作用在训练集上，组成的如下矩阵是正定矩阵。

$$\begin{pmatrix} K(\boldsymbol{x}_1,\boldsymbol{x}_1) & K(\boldsymbol{x}_1,\boldsymbol{x}_2) & \cdots & K(\boldsymbol{x}_1,\boldsymbol{x}_m) \\ K(\boldsymbol{x}_2,\boldsymbol{x}_1) & K(\boldsymbol{x}_2,\boldsymbol{x}_2) & \cdots & K(\boldsymbol{x}_2,\boldsymbol{x}_m) \\ \vdots & \vdots & & \vdots \\ K(\boldsymbol{x}_m,\boldsymbol{x}_1) & K(\boldsymbol{x}_m,\boldsymbol{x}_2) & \cdots & K(\boldsymbol{x}_m,\boldsymbol{x}_m) \end{pmatrix}。$$

对于含有核函数的最优化问题(2.13)、(2.14)，也有与定理 2.1.14、定理 2.1.15、定理 2.1.16 结论相对应的结论，在此不详细列出。

下面给出标准支持向量分类机算法。

算法 2.2.3(标准支持向量分类机算法)

(1) 给定训练集 $T = \{(\boldsymbol{x}_1,y_1),(\boldsymbol{x}_2,y_2),\cdots,(\boldsymbol{x}_m,y_m)\} \in (X \times Y)^m$，

$$\boldsymbol{x}_i \in X = \mathbb{R}^n, \quad y_i \in Y = \{-1,1\}, \quad i = 1,2,\cdots,m。$$

(2) 选择核函数 $K(\boldsymbol{x}_i,\boldsymbol{x}_j)$和惩罚参数 C，构造并求解最优化问题

$$\max_{\boldsymbol{\alpha}} \quad W(\boldsymbol{\alpha}) = \sum_{i=1}^{m}\alpha_i - \frac{1}{2}\sum_{i,j=1}^{m}\alpha_i\alpha_j y_i y_j K(\boldsymbol{x}_i,\boldsymbol{x}_j)$$

$$\text{s.t.}\quad \sum_{i=1}^{m}\alpha_i y_i = 0,\qquad\qquad (2.15)$$
$$0 \leqslant \alpha_i \leqslant C,\quad i = 1,2,\cdots,m,$$

得最优解$\boldsymbol{\alpha}^* = (\alpha_1^*, \alpha_2^*, \cdots, \alpha_m^*)^{\mathrm{T}}$。

(3) 计算 $\boldsymbol{w}^* = \sum_{i=1}^{m}\alpha_i^* y_i \boldsymbol{x}_i$，若存在 α^* 的分量 $\alpha_i^* \in (0,C)$，随意选择$\boldsymbol{\alpha}^*$ 的一个小于惩罚参数 C 的正分量，$b = y_i - \boldsymbol{w}\cdot\boldsymbol{\phi}(\boldsymbol{x}_i) = y_i - \sum_{j=1}^{m}\alpha_j K(\boldsymbol{x}_j, \boldsymbol{x}_i)$，$b$ 唯一，否则利用式(2.11)、式(2.12) 计算参数 b 的上界、下界。

(4) 选择 b 的上界、下界构成的闭区间中任意值 b^*，则决策函数变形为

$$f(\boldsymbol{x}) = \operatorname{sgn}\left(\sum_{i=1}^{m}\alpha_i^* y_i K(\boldsymbol{x}_i, \boldsymbol{x}) + b^*\right)。$$

2.3 ν-支持向量分类机

对于支持向量机问题(2.13)，定性来说，C 值越大越重视经验误差，定量来看，C 值没有确切的意义。为此提出了一种改进的方法——ν-支持向量分类机，对应的原始问题、对偶问题如下所示。

ν-支持向量分类机的原始问题：

$$\min_{\boldsymbol{w},b,\boldsymbol{\xi},\rho}\quad \tau(\boldsymbol{w},b,\boldsymbol{\xi},\rho) = \frac{1}{2}\|\boldsymbol{w}\|^2 - \nu\rho + \frac{1}{m}\sum_{i=1}^{m}\xi_i$$
$$\text{s.t.}\quad g_i(\boldsymbol{w},b,\boldsymbol{\xi},\rho) = -y_i(\boldsymbol{x}_i\cdot\boldsymbol{w}+b) - \xi_i + \rho \leqslant 0,\quad i = 1,2,\cdots,m,\qquad (2.16)$$
$$g_{m+i}(\boldsymbol{w},b,\boldsymbol{\xi},\rho) = -\xi_i \leqslant 0,\quad i = 1,2,\cdots,m,$$
$$g_{2m+1}(\boldsymbol{w},b,\boldsymbol{\xi},\rho) = -\rho \leqslant 0。$$

ν-支持向量分类机的对偶问题：

$$\max_{\boldsymbol{\alpha}}\quad W(\boldsymbol{\alpha}) = -\frac{1}{2}\sum_{i,j}^{m}\alpha_i\alpha_j y_i y_j K(\boldsymbol{x}_i, \boldsymbol{x}_j)$$
$$\text{s.t.}\quad \sum_{i=1}^{m}\alpha_i y_i = 0,$$
$$0 \leqslant \alpha_i \leqslant \frac{1}{m},\quad i = 1,2,\cdots,m,\qquad (2.17)$$
$$\sum_{i=1}^{m}\alpha_i \geqslant \nu。$$

关于两个问题之间最优解的关系如下述定理所示。

定理 2.3.1 设$(\boldsymbol{w}^*, b^*, \boldsymbol{\xi}^*, \rho^*)$是原始问题(2.16)的解,则对偶问题(2.17)必有最优解$\boldsymbol{\alpha}^*=(\alpha_1^*, \alpha_2^*, \cdots, \alpha_m^*)^{\mathrm{T}}$使得

$$\boldsymbol{w}^* = \sum_{i=1}^{m} \alpha_i^* y_i \boldsymbol{x}_i。 \tag{2.18}$$

定理 2.3.2 设$\boldsymbol{\alpha}^*=(\alpha_1^*, \alpha_2^*, \cdots, \alpha_m^*)^{\mathrm{T}}$是对偶问题(2.17)的任一解,则原始问题(2.16)关于$\boldsymbol{w}$的解存在且唯一,其中

$$\boldsymbol{w}^* = \sum_{i=1}^{m} \alpha_i^* y_i \boldsymbol{x}_i。 \tag{2.19}$$

定理 2.3.3 设$\boldsymbol{\alpha}^*=(\alpha_1^*, \alpha_2^*, \cdots, \alpha_m^*)^{\mathrm{T}}$是对偶问题(2.17)的任一解,若集合

$$\begin{aligned} S_+ &= \{i \mid \alpha_i^* \in (0, 1/m), y_i = 1\} \neq \varnothing, \\ S_- &= \{i \mid \alpha_i^* \in (0, 1/m), y_i = -1\} \neq \varnothing, \end{aligned} \tag{2.20}$$

则原始问题关于b的解是唯一的,且可表示为

$$b^* = -\frac{1}{2}\sum_{k=1}^{m} \alpha_k^* y_k (\boldsymbol{x}_k \cdot (\boldsymbol{x}_i + \boldsymbol{x}_j)) = -\frac{1}{2}\sum_{k=1}^{m} \alpha_k^* y_k (K(\boldsymbol{x}_k, \boldsymbol{x}_i) + K(\boldsymbol{x}_k, \boldsymbol{x}_j)), \tag{2.21}$$

其中$i \in S_+, j \in S_-$。

定理 2.3.4 设给定由m个样本点组成的训练集,并用算法(ν-SVC)进行分类。若所得到的$\rho^* > 0$,则:

(1) 若记间隔错误样本点的个数为p,则

$$\nu \geqslant p/m, \tag{2.22}$$

即ν是间隔错误样本的个数所占总样本点数的份额的上界。

(2) 若记支持向量的个数为q,则

$$\nu \leqslant q/m, \tag{2.23}$$

即ν是支持向量的个数所占总样本点数的份额的下界。

2.4 最优化理论

支持向量分类机涉及两个凸二次规划问题,它们分别是原始问题和对偶问题,而且由两个问题之间的关系建立算法,因此,最优化理论是支持向量分类机的重要理论基础。这一部分我们给出关于凸规划问题的最优化理论,如凸二次规划问题解的充分必要条件即 KT(Kuhn-Tuchker)条件[82,83],及其沃尔夫对偶理论[83,104]。

定义 2.4.1 凸约束问题

$$\min \quad f(\boldsymbol{x}), \boldsymbol{x} \in \mathbb{R}^n, \tag{2.24}$$

$$\text{s.t.}\quad c_i(\boldsymbol{x}) \leqslant 0,\quad i = 1,\cdots,p, \tag{2.25}$$

$$c_i(\boldsymbol{x}) = 0,\quad i = p+1,\cdots,p+q, \tag{2.26}$$

其中目标函数 $f(\boldsymbol{x})$和约束函数 $c_i(\boldsymbol{x}),i=1,\cdots,p$ 都是凸函数，而 $c_i(x),i=p+1,\cdots,p+q$ 都是线性函数。

定理 2.4.2（凸约束问题的解） 考虑凸约束问题(2.24)～(2.26)，设 D 是问题的可行域，

$$D = \{\boldsymbol{x} \mid c_i(\boldsymbol{x}) \leqslant 0, i = 1,\cdots,p;\ c_i(\boldsymbol{x}) = 0, i = p+1,\cdots,p+q;\ \boldsymbol{x} \in \mathbb{R}^n\}, \tag{2.27}$$

则：

(1) 若问题有局部解 $\boldsymbol{x}^*$，则 $\boldsymbol{x}^*$ 是问题的整体解；

(2) 问题的整体解组成的集合是凸集；

(3) 若问题有局部解 $\boldsymbol{x}^*$，$f(\boldsymbol{x})$是 D 上的严格凸函数，则 $\boldsymbol{x}^*$ 是问题的唯一整体解。

定义 2.4.3（约束规格） 考虑一般约束问题的可行域

$$D = \{\boldsymbol{x} \mid c_i(\boldsymbol{x}) \leqslant 0, i = 1,\cdots,p;\ c_i(\boldsymbol{x}) = 0, i = p+1,\cdots,p+q;\ \boldsymbol{x} \in \mathbb{R}^n\}, \tag{2.28}$$

其中 p 个不等式约束函数 $c_1(\boldsymbol{x}),\cdots,c_p(\boldsymbol{x})$都是可微函数。引进下列两种对约束的限制性条件（约束规格(constraint qualification，CQ)）：

(1) 线性条件：所有约束函数 $c_1(\boldsymbol{x}),\cdots,c_{p+q}(\boldsymbol{x})$都是线性函数。

(2) 梯度线性无关条件：此条件是联系于特定可行点 $\boldsymbol{x}^*$，梯度向量集

$$\{\nabla c_i(\boldsymbol{x}^*) \mid i \in \overline{A}\} \tag{2.29}$$

线性无关，其中 $\overline{A}=\{i|c_i(\boldsymbol{x}^*)=0,i=1,\cdots,p+q\}$。

定理 2.4.4（凸约束问题解的必要条件） 考虑凸约束问题(2.24)～(2.26)，其中 $f:\mathbb{R}^n\to\mathbb{R}$ 和 $c_i:\mathbb{R}^n\to\mathbb{R}\ (i=1,\cdots,p)$都是可微凸函数。若 $\boldsymbol{x}^*$ 是该问题的解，且定义 2.4.3 中的某一个约束规格成立，则存在着$\boldsymbol{\alpha}^*=(\alpha_1^*,\cdots,\alpha_p^*)\in\mathbb{R}^p$，$\boldsymbol{\beta}^*=(\beta_{p+1}^*,\cdots,\beta_{p+q}^*)\in\mathbb{R}^q$，使得下面 KT 条件成立，即

$$\nabla_x L(\boldsymbol{x}^*,\boldsymbol{\alpha}^*,\boldsymbol{\beta}^*) = \nabla f(\boldsymbol{x}^*) + \sum_{i=1}^{p}\alpha_i^*\nabla c_i(\boldsymbol{x}^*) + \sum_{i=p+1}^{p+q}\beta_i^*\nabla c_i(\boldsymbol{x}^*) = \boldsymbol{0}, \tag{2.30}$$

$$c_i(\boldsymbol{x}^*) \leqslant 0,\quad i = 1,\cdots,p, \tag{2.31}$$

$$c_i(\boldsymbol{x}^*) = 0,\quad i = p+1,\cdots,p+q, \tag{2.32}$$

$$\alpha_i^* \geqslant 0,\quad i = 1,\cdots,p, \tag{2.33}$$

$$\alpha_i^* c_i(\boldsymbol{x}^*) = 0,\quad i = 1,\cdots,p。 \tag{2.34}$$

其中，$L(\boldsymbol{x},\boldsymbol{\alpha},\boldsymbol{\beta})=f(\boldsymbol{x})+\sum_{i=1}^{p}\alpha_i c_i(\boldsymbol{x})+\sum_{i=p+1}^{p+q}\beta_i c_i(\boldsymbol{x})$ 为凸约束问题(2.24)～(2.26)的拉格朗日函数。

定理 2.4.5(凸约束问题解的充分条件) 考虑凸约束问题(2.24)～(2.26)，其中 $f\colon\mathbb{R}^n\rightarrow\mathbb{R}$ 和 $c_i\colon\mathbb{R}^n\rightarrow\mathbb{R}\ (i=1,2,\cdots,p)$都是可微凸函数。若 $\boldsymbol{x}^*\in\mathbb{R}^n$ 满足KT 条件，即存在着$\boldsymbol{\alpha}^*=(\alpha_1^*,\cdots,\alpha_p^*)\in\mathbb{R}^p$，$\boldsymbol{\beta}^*=(\beta_{p+1}^*,\cdots,\beta_{p+q}^*)\in\mathbb{R}^q$，使得

$$\nabla_x L(\boldsymbol{x}^*,\boldsymbol{\alpha}^*,\boldsymbol{\beta}^*)=\nabla f(\boldsymbol{x}^*)+\sum_{i=1}^{p}\alpha_i^*\nabla c_i(\boldsymbol{x}^*)+\sum_{i=p+1}^{p+q}\beta_i^*\nabla c_i(\boldsymbol{x}^*)=\boldsymbol{0},\tag{2.35}$$

$$c_i(\boldsymbol{x}^*)\leqslant 0,\quad i=1,\cdots,p,\tag{2.36}$$

$$c_i(\boldsymbol{x}^*)=0,\quad i=p+1,\cdots,p+q,\tag{2.37}$$

$$\alpha_i^*\geqslant 0,\quad i=1,\cdots,p,\tag{2.38}$$

$$\alpha_i^* c_i(\boldsymbol{x}^*)=0,\quad i=1,\cdots,p,\tag{2.39}$$

则 $\boldsymbol{x}^*$ 是问题(2.24)～(2.26)的解。

由此可以看出，对于凸约束问题来说，KT 条件是判断一个解是最优解的充分条件。

下面给出本书推导原始问题的对偶理论用到的沃尔夫对偶理论。假设原始问题：

$$\begin{aligned}&\min f(\boldsymbol{x}),\boldsymbol{x}\in\mathbb{R}^n,\\&\text{s.t.}\quad c_i(\boldsymbol{x})\leqslant 0,\quad i=1,\cdots,p,\\&c_i(\boldsymbol{x})=0,\quad i=p+1,\cdots,p+q,\end{aligned}$$

其中目标函数 $f(\boldsymbol{x})$和约束函数 $c_i(\boldsymbol{x})$，$i=1,\cdots,p$ 都是凸函数，而 $c_i(\boldsymbol{x})$，$i=p+1,\cdots,p+q$ 都是线性函数。

定义 2.4.6 沃尔夫对偶问题

$$\max_{\boldsymbol{\alpha},\boldsymbol{\beta},\boldsymbol{x}}\quad L(\boldsymbol{x},\boldsymbol{\alpha},\boldsymbol{\beta}),\tag{2.40}$$

$$\text{s.t.}\quad \nabla L_x(\boldsymbol{x},\boldsymbol{\alpha},\boldsymbol{\beta})=\boldsymbol{0},\tag{2.41}$$

$$\boldsymbol{\alpha}\geqslant\boldsymbol{0}\tag{2.42}$$

为上述凸最优化原始问题的沃尔夫对偶，其中 $L(\boldsymbol{x},\boldsymbol{\alpha},\boldsymbol{\beta})$为拉格朗日函数，即

$$L(\boldsymbol{x},\boldsymbol{\alpha},\boldsymbol{\beta})=f(\boldsymbol{x})+\sum_{i=1}^{p}\alpha_i c_i(\boldsymbol{x})+\sum_{i=p+1}^{p+q}\beta_i c_i(\boldsymbol{x})。\tag{2.43}$$

定理 2.4.7(凸约束问题的沃尔夫对偶定理) 考虑凸约束问题(2.24)～(2.26)，其中 $f\colon\mathbb{R}^n\rightarrow\mathbb{R}$ 和 $c_i\colon\mathbb{R}^n\rightarrow\mathbb{R}\ (i=1,\cdots,p)$都是可微凸函数，$c_i(\boldsymbol{x})$，$i=p+1,\cdots,p+q$ 是线性函数，且定义 2.4.3 中的某一个约束规格成立，则：

① 若原始问题(2.24)～(2.26)有解，则它的沃尔夫对偶问题(2.40)～(2.43)

也有解；

② 若原始问题(2.24)～(2.26)和沃尔夫对偶问题(2.40)～(2.43)分别有可行解 $\boldsymbol{x}^*$ 和($\boldsymbol{\alpha}^*$，$\boldsymbol{\beta}^*$)，则这两个可行解分别为原始问题和对偶问题的最优解的充要条件是它们相应的原始问题和对偶问题的目标函数值相等。

定理 2.4.8(凸约束问题的强对偶定理) 考虑凸约束问题(2.24)～(2.26)，其中 f：$\mathbb{R}^n\to\mathbb{R}$ 和 c_i：$\mathbb{R}^n\to\mathbb{R}$ ($i=1,\cdots,p$)都是可微凸函数，$c_i(\boldsymbol{x})$，$i=p+1,\cdots,p+q$ 是线性函数，且定义 2.4.3 中的某一个约束规格成立，则：

① 若原始问题(2.24)～(2.26)有解，则它的沃尔夫对偶问题(2.40)～(2.43)也有解，且解满足严格互补关系；

② 若原始问题(2.24)～(2.26)和沃尔夫对偶问题(2.40)～(2.43)分别有可行解 $\boldsymbol{x}^*$ 和($\boldsymbol{\alpha}^*$，$\boldsymbol{\beta}^*$)，则这两个可行解分别为原始问题和对偶问题的最优解的充要条件是它们相应的原始问题和对偶问题的目标函数值相等。

定义 2.4.9(二次规划) 若某个非线性规划的目标函数为自变量的二次函数，约束条件又都是线性的，称这种规划为二次规划。

由上面的定义不难看出二次规划的数学模型一般形式为

$$\min \quad f(\boldsymbol{x}) = \sum_{j=1}^{n} c_j x_j + \frac{1}{2}\sum_{j=1}^{n}\sum_{k=1}^{n} c_{jk} x_j x_k \tag{2.44}$$

$$\text{s.t.} \quad c_{jk} = c_{kj}, \quad k = 1,2,\cdots,n, \tag{2.45}$$

$$\sum_{j=1}^{n} a_{ij} x_j + b_i \geqslant 0, \quad i = 1,2,\cdots,m, \tag{2.46}$$

$$x_j \geqslant 0, \quad j = 1,2,\cdots,n。 \tag{2.47}$$

目标函数式的第二项为二次型，如果该二次型正定(半正定)，则目标函数为严格凸函数(凸函数)；此外，二次规划的约束条件为线性函数，其可行域为凸集。支持向量分类机模型都为凸二次规划，它的局部最优解为全局最优解，KT 条件是判断最优解存在的必要条件，同时也是求得最优解的充分条件。

2.5 实用的非线性规划灵敏度分析理论

考虑具有某种光滑性或凸性的函数类

$$f: \mathbb{R}^n \to \mathbb{R}, \quad \boldsymbol{g}: \mathbb{R}^n \to \mathbb{R}^m, \quad \boldsymbol{h}: \mathbb{R}^n \to \mathbb{R}^l,$$

非线性规划问题

$$\begin{aligned} \min \quad & f(\boldsymbol{x}) \\ \text{s.t.} \quad & \boldsymbol{g}(\boldsymbol{x}) \leqslant \boldsymbol{0}, \\ & \boldsymbol{h}(\boldsymbol{x}) = \boldsymbol{0} \end{aligned} \tag{2.48}$$

可以作为许多实际的研究领域中的最优化问题的数学模型，我们知道，一个实际问题的模型化，总是一个抽象过程。模型总是忽略了一系列次要因素后，对实在系统的一种近似表示。模型中的数据，却因为常常是来自测定值，而只是真值的某种近似，同时，作为实际问题，在问题变量 $\boldsymbol{x}$ 之外，对另一些技术参数，也常常因环境或人为因素，需要考虑它们的变化，于是，当要考虑模型的解和真实解的近似关系，以及随着参数的变化，解的演变时，就要考虑更一般化的模型：

$$\begin{aligned} \min \quad & f(\boldsymbol{x},\boldsymbol{p}) \\ \text{s.t.} \quad & \boldsymbol{g}(\boldsymbol{x},\boldsymbol{p}) \leqslant \boldsymbol{0}, \\ & \boldsymbol{h}(\boldsymbol{x},\boldsymbol{p}) = \boldsymbol{0}。 \end{aligned} \tag{2.49}$$

模型(2.49)称为非线性参数规划问题，其中 $\boldsymbol{p}$ 是参数，在某个集合 P 上取值，函数 $f\colon \mathbb{R}^n \times P \to \mathbb{R}$ ，$\boldsymbol{g}\colon \mathbb{R}^n \times P \to \mathbb{R}^m$，$\boldsymbol{h}\colon \mathbb{R}^n \times P \to \mathbb{R}^l$。

假设对某一点 $\boldsymbol{p}_0 \in P$，问题(2.48)中各个函数有

$$f(\boldsymbol{x}) = f(\boldsymbol{x},\boldsymbol{p}_0), \quad \boldsymbol{g}(\boldsymbol{x}) = \boldsymbol{g}(\boldsymbol{x},\boldsymbol{p}_0), \quad \boldsymbol{h}(\boldsymbol{x}) = \boldsymbol{h}(\boldsymbol{x},\boldsymbol{p}_0)。$$

可以得到问题(2.48)为问题(2.49)在 $\boldsymbol{p}=\boldsymbol{p}_0$ 时的一个特例。

这样一来，对于一个非线性规划问题的解，就产生了如下两方面的问题。

(1) 定性方面：在模型的数据同数据真值有误差的情况下，模型的解是不是真解的近似？是否数据的误差越小，解的近似程度越高？或者反过来，设一个非线性规划问题已求得最优解，当数据有某些变化后，新问题是否在这最优解的附近仍然有解？且数据的变化越小，新解同原解越接近？

(2) 定量方面：如果上述近似关系成立，能否定量地给出最优解的变化对数据变化的近似依赖关系？能否给出一种误差分析？

非线性规划不但没有普遍适用的有效求解方法，在灵敏度分析方面，它的理论都是针对问题十分一般的情况，而且都太抽象，同实际应用有相当大的距离。下面介绍已有的、实用的非线性参数规划理论。

对于问题(2.48)，记可行集为 S，即

$$S = \{\boldsymbol{x} \in \mathbb{R}^n \mid \boldsymbol{g}(\boldsymbol{x}) \leqslant \boldsymbol{0}, \boldsymbol{h}(\boldsymbol{x}) = \boldsymbol{0}\}。 \tag{2.50}$$

对于向量值函数 $\boldsymbol{g}(\boldsymbol{x}) = (g_1(\boldsymbol{x}), g_2(\boldsymbol{x}), \cdots, g_m(\boldsymbol{x}))^{\mathrm{T}}$，规定

$$\frac{\partial \boldsymbol{g}(\boldsymbol{x})}{\partial \boldsymbol{x}} = (\nabla g_1(\boldsymbol{x}), \nabla g_2(\boldsymbol{x}), \cdots, \nabla g_m(\boldsymbol{x})) \tag{2.51}$$

为 n 行 m 列矩阵。同样可以定义

$$\frac{\partial \boldsymbol{h}(\boldsymbol{x})}{\partial \boldsymbol{x}} = (\nabla h_1(\boldsymbol{x}), \nabla h_2(\boldsymbol{x}), \cdots, \nabla h_l(\boldsymbol{x}))。 \tag{2.52}$$

定义 2.5.1(孤立局部最优解) 设点 $\boldsymbol{x}^* \in S$，如果 $\boldsymbol{x}^*$ 是局部最优解，且存在邻域 $N(\boldsymbol{x}^*)$，使得任意的 $\boldsymbol{x} \in N(\boldsymbol{x}^*) \cap S$，$\boldsymbol{x} \neq \boldsymbol{x}^*$ 都不是局部最优解，则称 $\boldsymbol{x}^*$ 是孤

立局部最优解。

孤立局部最优解也就是在某个邻域中为唯一的解,或说“局部唯一解”。

定义 2.5.2(二阶充分条件) 考虑问题(2.48),设点 $\boldsymbol{x}^* \in S$,各函数在 $\boldsymbol{x}^*$ 有足够的光滑性,称 $\boldsymbol{x}^*$ 满足二阶充分条件是指[105]:

(1) 存在 $\boldsymbol{u}^* \in \mathbb{R}^m, \boldsymbol{v}^* \in \mathbb{R}^l$,使得

$$\nabla f(\boldsymbol{x}^*) + \frac{\partial \boldsymbol{g}(\boldsymbol{x}^*)}{\partial \boldsymbol{x}}\boldsymbol{u}^* + \frac{\partial \boldsymbol{h}(\boldsymbol{x}^*)}{\partial \boldsymbol{x}}\boldsymbol{v}^* = \boldsymbol{0},$$

$$\boldsymbol{u}^{*\mathrm{T}}\boldsymbol{g}(\boldsymbol{x}) = \boldsymbol{0}, \quad \boldsymbol{u}^* \geqslant \boldsymbol{0}。 \tag{2.53}$$

(2) 记集合

$$Z = \{\boldsymbol{z} \in \mathbb{R}^n \mid \boldsymbol{z}^\mathrm{T} \nabla g_i(\boldsymbol{x}^*) \leqslant 0, \forall i \in I, \boldsymbol{z}^\mathrm{T} \nabla g_i(\boldsymbol{x}^*) = 0,$$
$$\forall i \in I_+;\ \boldsymbol{z}^\mathrm{T} \nabla h_j(\boldsymbol{x}^*) = 0, j = 1,\cdots,l\}, \tag{2.54}$$

其中 $I=\{i \mid g_i(\boldsymbol{x}^*)=0\}, I_+=\{i\in I \mid u_i>0\}$。又记

$$L(\boldsymbol{x}) = f(\boldsymbol{x}) + \sum_{i=1}^{m} u_i^* g_i(\boldsymbol{x}) + \sum_{i=1}^{l} v_i^* h_i(\boldsymbol{x}), \tag{2.55}$$

则对任意 $\boldsymbol{z}\in Z, \boldsymbol{z}\neq\boldsymbol{0}$,有

$$\boldsymbol{z}^\mathrm{T} \nabla^2 L(\boldsymbol{x}^*)\boldsymbol{z} > 0。 \tag{2.56}$$

下面定理是常见于非线性规划图书上的二阶充分条件定理。

定理 2.5.3 考虑问题(2.48),设点 $\boldsymbol{x}^* \in S$,如果 $\boldsymbol{x}^*$ 满足二阶充分条件,那么 $\boldsymbol{x}^*$ 是问题(2.48)的严格局部最优解。

注 严格局部最优解不一定是孤立局部最优解,但孤立局部最优解一定是严格局部最优解。

如果对于使定义 2.5.2 中成立的所有可能乘子 $\boldsymbol{u}, \boldsymbol{v}$ 用以构造的函数 L 的黑塞矩阵 $\nabla^2 L$ 都使(2.56)成立,并且作某种约束规格假设,可以保证 $\boldsymbol{x}^*$ 为孤立的局部最优解。

下面给出了孤立局部最优解的定理。

定理 2.5.4 考虑问题(2.48),设点 $\boldsymbol{x}^* \in S$,如果 $\boldsymbol{x}^*$ 满足二阶充分条件,此外设向量组 $\nabla g_i(\boldsymbol{x}^*), i\in I, \nabla h_j(\boldsymbol{x}^*), j=1,\cdots,l$ 线性无关,那么 $\boldsymbol{x}^*$ 是式(2.48)的孤立局部最优解。

关于非线性规划的灵敏度分析有如下的定理,此定理最早由麦柯米克(McCormick)[106]在 $f, \boldsymbol{g}, \boldsymbol{h}$ 关于 $\boldsymbol{p}$ 为一次函数的假设下建立起来的。罗宾逊(Robinson)[107]和非雅克(Fiacco)[108]推广到了问题(2.49)的情形。

假设 $\boldsymbol{p}\in \mathbb{R}^t$ 是 t 维向量。

定理 2.5.5 考虑问题(2.49),设 $\boldsymbol{x}^*$ 是问题(2.49)在 $\boldsymbol{p}=\boldsymbol{p}_0\in P$ 的可行解,假设

(1) 在$(\boldsymbol{x}^*, \boldsymbol{p}_0)$的某个邻域中 $f, \boldsymbol{g}, \boldsymbol{h}$ 关于 $\boldsymbol{x}$ 为二次连续可微,$f, \boldsymbol{g}, \boldsymbol{h}$ 以及它

们对于 $\boldsymbol{x}$ 的梯度$\nabla_x f(\boldsymbol{x},\boldsymbol{p})$，$\nabla_x g_i(\boldsymbol{x},\boldsymbol{p})$和$\nabla_x h_i(\boldsymbol{x},\boldsymbol{p})$对 $\boldsymbol{p}$ 可微，并且所有这些函数和导数关于$(\boldsymbol{x},\boldsymbol{p})$为连续。

(2) 考虑问题(2.49)在 $\boldsymbol{p}=\boldsymbol{p}_0\in P$ 处对应的最优化问题，$\boldsymbol{x}^*$ 满足二阶充分条件，相应的乘子为 $\boldsymbol{u}^*$，$\boldsymbol{v}^*$。

(3) 向量组$\nabla_x g_i(\boldsymbol{x}^*,\boldsymbol{p}_0)$，$i\in I$，$\nabla_x h_i(\boldsymbol{x}^*,\boldsymbol{p}_0)$，$i=1,2,\cdots,l$ 线性无关，其中 $I=\{i\,|\,g_i(\boldsymbol{x}^*,\boldsymbol{p}_0)=0\}$为问题(2.49)$\boldsymbol{p}=\boldsymbol{p}_0\in P$ 在 $\boldsymbol{x}^*$ 的起作用集。

(4) 严格互补松弛条件成立，即对任意 $i\in I$，u_i^* 和 $g_i(\boldsymbol{x}^*,\boldsymbol{p}_0)$不同时为零。

那么有下述结论成立：

(1) $\boldsymbol{x}^*$ 为问题(2.49)在 $\boldsymbol{p}=\boldsymbol{p}_0\in P$ 的孤立的局部最优解，$\boldsymbol{u}^*$，$\boldsymbol{v}^*$ 是相应于 $\boldsymbol{x}^*$ 的唯一乘子。

(2) 存在 $\boldsymbol{p}_0$ 的邻域 $N(\boldsymbol{p}_0)$，在 $N(\boldsymbol{p}_0)$上存在唯一连续可微的函数 $\boldsymbol{y}(\boldsymbol{p})=(\boldsymbol{x}(\boldsymbol{p})^{\mathrm{T}},\boldsymbol{u}(\boldsymbol{p})^{\mathrm{T}},\boldsymbol{v}(\boldsymbol{p})^{\mathrm{T}})^{\mathrm{T}}$，使得 $\boldsymbol{y}(\boldsymbol{p}_0)=\boldsymbol{y}^*=(\boldsymbol{x}^{*\mathrm{T}},\boldsymbol{u}^{*\mathrm{T}},\boldsymbol{v}^{*\mathrm{T}})^{\mathrm{T}}$，且对任意的 $\boldsymbol{p}\in N(\boldsymbol{p}_0)$，对于问题(2.49)，$\boldsymbol{x}(\boldsymbol{p})$为可行解，并且起作用集保持不变，即

$$I(\boldsymbol{x}(\boldsymbol{p}),\boldsymbol{p})\equiv I(\boldsymbol{x}^*,\boldsymbol{p}_0); \tag{2.57}$$

起作用函数梯度组线性无关性保持成立；$\boldsymbol{x}(\boldsymbol{p})$和 $\boldsymbol{u}(\boldsymbol{p})$使严格互补性质保持成立；$\boldsymbol{x}(\boldsymbol{p})$满足二阶充分条件，相应的乘子为 $\boldsymbol{u}(\boldsymbol{p})$，$\boldsymbol{v}(\boldsymbol{p})$。因而 $\boldsymbol{x}(\boldsymbol{p})$为问题(2.49)的孤立局部最优解，$\boldsymbol{u}(\boldsymbol{p})$，$\boldsymbol{v}(\boldsymbol{p})$为相应的唯一乘子。

(3) 解的偏导数关系式为

$$\boldsymbol{M}(\boldsymbol{p})\begin{pmatrix}\left(\dfrac{\partial \boldsymbol{x}}{\partial \boldsymbol{p}}\right)^{\mathrm{T}}\\ \left(\dfrac{\partial \boldsymbol{u}}{\partial \boldsymbol{p}}\right)^{\mathrm{T}}\\ \left(\dfrac{\partial \boldsymbol{v}}{\partial \boldsymbol{p}}\right)^{\mathrm{T}}\end{pmatrix}=\boldsymbol{M}_1(\boldsymbol{p}), \tag{2.58}$$

其中 $\boldsymbol{M}(\boldsymbol{p})$为$(n+m+l)\times(n+m+l)$矩阵，即

$$\boldsymbol{M}(\boldsymbol{p})=\begin{pmatrix}\nabla^2 L & \nabla g_1(\boldsymbol{x},\boldsymbol{p}) & \cdots & \nabla g_m(\boldsymbol{x},\boldsymbol{p}) & \nabla h_1(\boldsymbol{x},\boldsymbol{p}) & \cdots & \nabla h_l(\boldsymbol{x},\boldsymbol{p})\\ u_1\nabla g_1(\boldsymbol{x},\boldsymbol{p}) & g_1(\boldsymbol{x},\boldsymbol{p}) & & & \boldsymbol{0} & \cdots & \boldsymbol{0}\\ \vdots & & \ddots & & \vdots & & \vdots\\ u_m\nabla g_m(\boldsymbol{x},\boldsymbol{p}) & & & g_m(\boldsymbol{x},\boldsymbol{p}) & \boldsymbol{0} & \cdots & \boldsymbol{0}\\ \nabla h_1(\boldsymbol{x},\boldsymbol{p})^{\mathrm{T}} & \boldsymbol{0} & \cdots & \boldsymbol{0} & \boldsymbol{0} & \cdots & \boldsymbol{0}\\ \vdots & \vdots & & \vdots & \vdots & & \vdots\\ \nabla h_l(\boldsymbol{x},\boldsymbol{p})^{\mathrm{T}} & \boldsymbol{0} & \cdots & \boldsymbol{0} & \boldsymbol{0} & \cdots & \boldsymbol{0}\end{pmatrix}, \tag{2.59}$$

$$\boldsymbol{M}_1(\boldsymbol{p})=-\left(\frac{\partial(\nabla_x L)}{\partial \boldsymbol{p}},u_1\nabla_p g_1,\cdots,u_m\nabla_p g_m,\frac{\partial \boldsymbol{h}}{\partial \boldsymbol{p}}\right)^{\mathrm{T}} \tag{2.60}$$

为$(n+m+l)\times t$矩阵。

当 $\boldsymbol{p}\in N(\boldsymbol{p}_0)$时，有 $\boldsymbol{M}(\boldsymbol{p})^{-1}$存在，于是

$$\left(\frac{\partial \boldsymbol{y}(\boldsymbol{p})}{\partial \boldsymbol{p}}\right)^{\mathrm{T}}=\boldsymbol{M}(\boldsymbol{p})^{-1}\boldsymbol{M}_1(\boldsymbol{p})。\tag{2.61}$$

特别的有

$$\left(\frac{\partial \boldsymbol{y}(\boldsymbol{p}_0)}{\partial \boldsymbol{p}}\right)^{\mathrm{T}}=\boldsymbol{M}(\boldsymbol{p}_0)^{-1}\boldsymbol{M}_1(\boldsymbol{p}_0)。\tag{2.62}$$

在定理2.5.5的假设下，可以得到 $\boldsymbol{x}(\boldsymbol{p}),\boldsymbol{u}(\boldsymbol{p}),\boldsymbol{v}(\boldsymbol{p})$的一阶近似。叙述成下面定理。

定理 2.5.6 在定理2.5.5的假设下，有

$$\begin{pmatrix}\boldsymbol{x}(\boldsymbol{p})\\ \boldsymbol{u}(\boldsymbol{p})\\ \boldsymbol{v}(\boldsymbol{p})\end{pmatrix}=\begin{pmatrix}\boldsymbol{x}^*\\ \boldsymbol{u}^*\\ \boldsymbol{v}^*\end{pmatrix}+\boldsymbol{M}^{*-1}\boldsymbol{M}_1^*(\boldsymbol{p}-\boldsymbol{p}_0)+o(\|\boldsymbol{p}-\boldsymbol{p}_0\|)。\tag{2.63}$$

在定理2.5.5的假设下，局部函数值可以定义为

$$\phi(\boldsymbol{p})=f(\boldsymbol{x}(\boldsymbol{p}),\boldsymbol{p})。\tag{2.64}$$

如下定理给出了它的二阶可微性和一、二阶导数的公式，由此可以构造 ϕ 在 $\boldsymbol{p}_0$ 的二阶展开式。

定理 2.5.7 设对于问题(2.49)有定理2.5.5的条件成立，则存在存 $\boldsymbol{p}_0$ 的邻域 $N(\boldsymbol{p}_0)$，使得在 $N(\boldsymbol{p}_0)$上，$\phi(\boldsymbol{p})$二次连续可微，并且有

(1) $\phi(\boldsymbol{p})=L(\boldsymbol{x}(\boldsymbol{p}),\boldsymbol{u}(\boldsymbol{p}),\boldsymbol{v}(\boldsymbol{p}),\boldsymbol{p})$， (2.65)

(2) $\nabla_{\boldsymbol{p}}\phi(\boldsymbol{p})=\nabla_{\boldsymbol{p}}f+\dfrac{\partial \boldsymbol{g}}{\partial \boldsymbol{p}}\boldsymbol{u}(\boldsymbol{p})+\dfrac{\partial \boldsymbol{h}}{\partial \boldsymbol{p}}\boldsymbol{v}(\boldsymbol{p})$， (2.66)

(3) $\nabla_{\boldsymbol{p}}^2\phi(\boldsymbol{p})=\dfrac{\partial \boldsymbol{x}(\boldsymbol{p})}{\partial \boldsymbol{p}}\nabla_{\boldsymbol{xp}}^2L+\dfrac{\partial \boldsymbol{u}(\boldsymbol{p})}{\partial \boldsymbol{p}}\left(\dfrac{\partial \boldsymbol{g}}{\partial \boldsymbol{p}}\right)^{\mathrm{T}}+\dfrac{\partial \boldsymbol{v}(\boldsymbol{p})}{\partial \boldsymbol{p}}\left(\dfrac{\partial \boldsymbol{h}}{\partial \boldsymbol{p}}\right)^{\mathrm{T}}+\nabla_{\boldsymbol{p}}^2L$， (2.67)

其中，

$$\phi(\boldsymbol{p})=f(\boldsymbol{x}(\boldsymbol{p}),\boldsymbol{p}),L=L(\boldsymbol{x},\boldsymbol{u},\boldsymbol{v},\boldsymbol{p})=f(\boldsymbol{x},\boldsymbol{p})+\boldsymbol{u}^{\mathrm{T}}\boldsymbol{g}(\boldsymbol{x},\boldsymbol{p})+\boldsymbol{v}^{\mathrm{T}}\boldsymbol{h}(\boldsymbol{x},\boldsymbol{p}),$$

∇均表示在偏导数意义下的求导运算；并且各函数和导数皆为在点$(\boldsymbol{x}(\boldsymbol{p}),\boldsymbol{u}(\boldsymbol{p}),\boldsymbol{v}(\boldsymbol{p}),\boldsymbol{p})$计值。

定理2.5.5是在一组较强的假设条件下得到的，减弱这些假设条件，以推广定理，是非线性规划灵敏度分析的一个研究课题。我们知道，局部最优解的二阶必要条件和二阶充分条件是十分接近的，对于线性无关性，它的重要作用之一在于保证乘子唯一，放弃这一点，小岛(Kojima)[109]和罗宾逊[110]等将它减弱为 Mangasarian-Fromovitz 约束规格(mangasarian-fromovitz constraint qualification，M-FCQ)假设[111]。严格互补假设对一些普通的问题也不能成立，去掉严格互补假设是工作

的一个方向，最后罗宾逊[112]证明了在线性无关和所谓强二阶充分条件的假设下，仍有邻域 $N(\boldsymbol{p}_0)$存在，使得 $\boldsymbol{x}(\boldsymbol{p}),\boldsymbol{u}(\boldsymbol{p}),\boldsymbol{v}(\boldsymbol{p})$为单值的，再作适当的连续性假设，可以得到它们是利普希茨(Lipschitz)连续的，结果叙述如下。

定义 2.5.8(强二阶充分条件) 考虑问题(2.48)，设点 $\boldsymbol{x}^*\in S$，各函数在 $\boldsymbol{x}^*$ 有足够的光滑性，称 $\boldsymbol{x}^*$ 满足强二阶充分条件是指

(1) 存在 $\boldsymbol{u}^*\in\mathbb{R}^m,\boldsymbol{v}^*\in\mathbb{R}^l$，使得

$$\nabla f(\boldsymbol{x}^*)+\frac{\partial \boldsymbol{g}(\boldsymbol{x}^*)}{\partial \boldsymbol{x}}\boldsymbol{u}^*+\frac{\partial \boldsymbol{h}(\boldsymbol{x}^*)}{\partial \boldsymbol{x}}\boldsymbol{v}^*=\boldsymbol{0},$$

$$\boldsymbol{u}^{*\mathrm{T}}\boldsymbol{g}(\boldsymbol{x})=0,\quad \boldsymbol{u}^*\geqslant\boldsymbol{0}。\tag{2.68}$$

(2) 集合

$$Z_1=\{\boldsymbol{z}\in\mathbb{R}^n\mid \boldsymbol{z}^{\mathrm{T}}\nabla g_i(\boldsymbol{x}^*)=0,\forall i\in I_+;\ \boldsymbol{z}^{\mathrm{T}}\nabla h_j(\boldsymbol{x}^*)=0,j=1,2,\cdots,l\},\tag{2.69}$$

其中 $I=\{i\mid g_i(\boldsymbol{x}^*)=0\},I_+=\{i\in I\mid u_i>0\}$。又记

$$L(\boldsymbol{x})=f(\boldsymbol{x})+\sum_{i=1}^{m}u_i^*g_i(\boldsymbol{x})+\sum_{i=1}^{l}v_i^*h_i(\boldsymbol{x}),\tag{2.70}$$

则对任意 $\boldsymbol{z}\in Z_1,\boldsymbol{z}\neq\boldsymbol{0}$，有

$$\boldsymbol{z}^{\mathrm{T}}\nabla^2L(\boldsymbol{x}^*)\boldsymbol{z}>0。\tag{2.71}$$

强二阶充分条件与二阶充分条件不同之处是集合 Z_1 比集合 Z 变大了，在以 Z 为子集的更大的集合上满足二阶充分条件。

定理 2.5.9 考虑问题(2.49)，设 $\boldsymbol{x}^*$ 是问题(2.49)在 $\boldsymbol{p}=\boldsymbol{p}_0\in P$ 的可行解，假设在$(\boldsymbol{x}^*,\boldsymbol{p}_0)$的某个邻域上，$f,\boldsymbol{g},\boldsymbol{h}$ 关于$(\boldsymbol{x},\boldsymbol{p})$为二次连续可微的。则：

(1) 问题(2.49)在 $\boldsymbol{p}=\boldsymbol{p}_0\in P$ 处对应的最优化问题，$\boldsymbol{x}^*$ 满足强二阶充分条件，相应的乘子为 $\boldsymbol{u}^*,\boldsymbol{v}^*$。

(2) 向量组$\nabla_x g_i(\boldsymbol{x}^*,\boldsymbol{p}_0),i\in I,\nabla_x h_i(\boldsymbol{x}^*,\boldsymbol{p}_0),i=1,2,\cdots,l$ 线性无关。其中 $I=\{i\mid g_i(\boldsymbol{x}^*,\boldsymbol{p}_0)=0\}$为问题(2.49)$\boldsymbol{p}=\boldsymbol{p}_0\in P$ 在 $\boldsymbol{x}^*$ 的起作用集。

那么有下述结论：

(1) $\boldsymbol{x}^*$ 为问题(2.49)在 $\boldsymbol{p}=\boldsymbol{p}_0\in P$ 的孤立的局部最优解，$\boldsymbol{u}^*,\boldsymbol{v}^*$ 是相应于 $\boldsymbol{x}^*$ 的唯一乘子。

(2) 存在 $\boldsymbol{p}_0$ 的邻域 $N(\boldsymbol{p}_0)$，在 $N(\boldsymbol{p}_0)$上存在唯一连续可微的函数 $\boldsymbol{y}(\boldsymbol{p})=(\boldsymbol{x}(\boldsymbol{p})^{\mathrm{T}},\boldsymbol{u}(\boldsymbol{p})^{\mathrm{T}},\boldsymbol{v}(\boldsymbol{p})^{\mathrm{T}})^{\mathrm{T}}$，使得 $\boldsymbol{y}(\boldsymbol{p}_0)=\boldsymbol{y}^*=(\boldsymbol{x}^{*\mathrm{T}},\boldsymbol{u}^{*\mathrm{T}},\boldsymbol{v}^{*\mathrm{T}})^{\mathrm{T}}$。

对任意的 $\boldsymbol{p}\in N(\boldsymbol{p}_0)$，对于问题(2.49)，$\boldsymbol{x}(\boldsymbol{p})$为可行解，线性无关性保持成立；$\boldsymbol{x}(\boldsymbol{p})$满足强二阶充分条件，相应乘子为 $\boldsymbol{u}(\boldsymbol{p}),\boldsymbol{v}(\boldsymbol{p})$。因而 $\boldsymbol{x}(\boldsymbol{p})$为问题(2.49)的孤立局部最优解，$\boldsymbol{u}(\boldsymbol{p}),\boldsymbol{v}(\boldsymbol{p})$为相应的唯一乘子。

(3) 存在正实数 $\gamma_1,\gamma_2,\gamma_3$，使得

$$\begin{aligned} \| \boldsymbol{x}(\boldsymbol{p}) - \boldsymbol{x}^* \| &\leqslant \gamma_1 \| \boldsymbol{p} - \boldsymbol{p}_0 \|, \\ \| \boldsymbol{u}(\boldsymbol{p}) - \boldsymbol{u}^* \| &\leqslant \gamma_2 \| \boldsymbol{p} - \boldsymbol{p}_0 \|, \\ \| \boldsymbol{v}(\boldsymbol{p}) - \boldsymbol{v}^* \| &\leqslant \gamma_3 \| \boldsymbol{p} - \boldsymbol{p}_0 \|。 \end{aligned} \tag{2.72}$$

(4) $\phi(\boldsymbol{p})$为可微函数，并且有

① $\phi(\boldsymbol{p})=L(\boldsymbol{x}(\boldsymbol{p}),\boldsymbol{u}(\boldsymbol{p}),\boldsymbol{v}(\boldsymbol{p}),\boldsymbol{p})$， (2.73)

② $\nabla \boldsymbol{p}\phi(\boldsymbol{p})=\nabla_{\boldsymbol{p}} f+\dfrac{\partial \boldsymbol{g}}{\partial \boldsymbol{p}}\boldsymbol{u}(\boldsymbol{p})+\dfrac{\partial \boldsymbol{h}}{\partial \boldsymbol{p}}\boldsymbol{v}(\boldsymbol{p})$， (2.74)

其中，$\boldsymbol{\phi}(\boldsymbol{p})=\boldsymbol{f}(\boldsymbol{x}(\boldsymbol{p}),\boldsymbol{p})$，$L=L(\boldsymbol{x},\boldsymbol{u},\boldsymbol{v},\boldsymbol{p})=\boldsymbol{f}(\boldsymbol{x},\boldsymbol{p})+\boldsymbol{u}^{\mathrm{T}}\boldsymbol{g}(\boldsymbol{x},\boldsymbol{p})+\boldsymbol{v}^{\mathrm{T}}\boldsymbol{h}(\boldsymbol{x},\boldsymbol{p})$，$\nabla$ 均表示在偏导数意义下的求导运算；并且各函数和导数皆为在点$(\boldsymbol{x}(\boldsymbol{p}),\boldsymbol{u}(\boldsymbol{p}),\boldsymbol{v}(\boldsymbol{p}),\boldsymbol{p})$计值。

Jittorntrum[113]在类似于定理 2.5.9 的假设下证明了 $\boldsymbol{x}(\boldsymbol{p})$的方向导数是存在的。利用方向导数足以完成定理 2.5.5 中类似的灵敏度分析。

除了这些实用的可计算的结果之外，普尔(Poore)等人[114,115]使用分支理论(bifurcation theory)的方法针对单参数的情形，对于定理 2.5.5 中假设(2)、(3)、(4)不完全成立的 $2^3-1=7$ 种情况作了讨论，给出了在 $\boldsymbol{p}_0$ 附近随 $\boldsymbol{p}$ 的变化，解和乘子函数分支情形的生动描述，在国内，北京理工大学刘宝光教授基于非雅克的工作[116]指导的一组硕士论文[117~119]对这些结果向假设(1)不成立的情形作了推广。

2.6 小结

在这一章，详细地介绍线性可分问题的线性分划，最大间隔法，线性不可分问题的近似线性分划，推广的最大间隔法，标准支持向量分类机模型以及解的性质，标准支持向量分类机算法。此外介绍了支持向量分类机所对应的凸规划的最优化理论、沃尔夫对偶理论，以及解的充要条件——KT 条件。介绍非线性规划的基本概念：孤立局部最优解、二阶充分条件、实用的非线性规划灵敏度分析基本定理，以及实用的非线性规划灵敏度分析其他成果。为后面的研究工作做准备。

第3章

加权支持向量分类机算法

仿照标准支持向量分类机(1.3)的理论系统叙述了加权支持向量分类机(1.13)已有的理论结果,作为随后几章的基础。本章详细地给出了决策函数中阈值的全部推导过程,从推导过程中得到所有情况下阈值的求解公式以及决策函数中阈值不唯一的必要条件;此外本章给出了在阈值不唯一时,在实际应用中如何调整原始问题的参数使之唯一,并对改变参数后对应解的理论结果,给出原始问题调整完参数后对应的唯一阈值的表达式。

3.1 加权支持向量分类机

加权线性支持向量分类机与加权支持向量分类机模型的不同之处在于:后者含有核函数,通过第2章预备知识的介绍,我们知道二者形式上存在差别,但关于理论方面的研究方法完全没有差别,所以本章以加权线性支持向量机分类机模型进行相应的理论研究。

3.1.1 原始问题

加权支持向量分类机分类模型是针对线性不可分情形提出来的,由于对样本点的重视程度不同,把标准线性支持向量分类机中的统一参数 C 改为 C_i,其模型为

$$\begin{aligned} \min_{\boldsymbol{w},b,\xi} \quad & \frac{1}{2}\|\boldsymbol{w}\|^2+\left(\sum_{i=1}^{m}C_i\xi_i\right) \\ \text{s.t.} \quad & y_i[(\boldsymbol{x}_i\cdot\boldsymbol{w})+b]+\xi_i\geqslant 1,\quad i=1,2,\cdots,m, \\ & \xi_i\geqslant 0,\quad i=1,2,\cdots,m。\end{aligned} \tag{3.1}$$

定义 3.1.1 称$(\boldsymbol{w}^*,b^*)$是模型(3.1)关于$(\boldsymbol{w},b)$的解，如果存在着$\boldsymbol{\xi}^*$，使$(\boldsymbol{w}^*,b^*,\boldsymbol{\xi}^*)$是该问题的解；称$\boldsymbol{w}^*$是模型(3.1)关于$\boldsymbol{w}$的解，如果存在着$b^*,\boldsymbol{\xi}^*$，使$(\boldsymbol{w}^*,b^*,\boldsymbol{\xi}^*)$是该问题的解。同样可定义其他情形。

定理 3.1.2(解的存在性) 原始问题(3.1)存在最优解$(\boldsymbol{w}^*,b^*,\boldsymbol{\xi}^*)$。

证明 原始问题是凸二次规划，$\boldsymbol{w}=\boldsymbol{0},b=0,\xi_i=1(i=1,2,\cdots,m)$为可行解，所以其可行域非空，因此原问题一定有最优解。

定理 3.1.3(解的唯一性) 原始问题(3.1)关于$\boldsymbol{w}$的解是唯一的，即若$(\boldsymbol{w}',b',\boldsymbol{\xi}')$和$(\boldsymbol{w}'',b'',\boldsymbol{\xi}'')$都是解，则$\boldsymbol{w}'=\boldsymbol{w}''$。

证明 记原始问题的目标函数$F(\boldsymbol{w},b,\boldsymbol{\xi})=\frac{1}{2}\|\boldsymbol{w}\|^2+\sum_{i=1}^{m}C_i\xi_i$，要证明上述结论，只需证明若$(\boldsymbol{w}',b',\boldsymbol{\xi}')$与$(\boldsymbol{w}'',b'',\boldsymbol{\xi}'')$不同，则必有

$$\boldsymbol{w}'=\boldsymbol{w}''。$$

因为问题(3.1)是凸二次规划，因此它的解集为凸集，且任意解都是全局解，即对任意的$\lambda\in(0,1)$，都有$\lambda(\boldsymbol{w}',b',\boldsymbol{\xi}')+(1-\lambda)(\boldsymbol{w}'',b'',\boldsymbol{\xi}'')$是问题的解，且满足

$$\begin{aligned}\frac{1}{2}\|\boldsymbol{w}'\|^2+\sum_{i=1}^{m}C_i\xi'_i&=\frac{1}{2}\|\boldsymbol{w}''\|^2+\sum_{i=1}^{m}C_i\xi''_i\\&=\frac{1}{2}\|\lambda\boldsymbol{w}'+(1-\lambda)\boldsymbol{w}''\|^2+\sum_{i=1}^{m}C_i(\lambda\xi'_i+(1-\lambda)\xi''_i)。\end{aligned}$$

把上式第一个等号两边的函数值进行凸组合等于第二个等号右边的函数值，即

$$\begin{aligned}&\lambda\left(\frac{1}{2}\|\boldsymbol{w}'\|^2+\sum_{i=1}^{m}C_i\xi'_i\right)+(1-\lambda)\left(\frac{1}{2}\|\boldsymbol{w}''\|^2+\sum_{i=1}^{m}C_i\xi''_i\right)\\&=\frac{1}{2}\|\lambda\boldsymbol{w}'+(1-\lambda)\boldsymbol{w}''\|^2+\sum_{i=1}^{m}C_i(\lambda\xi'_i+(1-\lambda)\xi''_i)。\end{aligned}$$

整理得到

$$\lambda\|\boldsymbol{w}'\|^2+(1-\lambda)\|\boldsymbol{w}''\|^2=\|\lambda\boldsymbol{w}'+(1-\lambda)\boldsymbol{w}''\|^2。$$

利用二范数的定义可以得到

$$\lambda\|\boldsymbol{w}'\|^2+(1-\lambda)\|\boldsymbol{w}''\|^2=\lambda^2\|\boldsymbol{w}'\|^2+2\lambda(1-\lambda)\boldsymbol{w}'^{\mathrm{T}}\boldsymbol{w}''+(1-\lambda)^2\|\boldsymbol{w}''\|^2,$$

整理得到

$$(\lambda^2-\lambda)\|\boldsymbol{w}'\|^2-2\lambda(\lambda-1)\boldsymbol{w}'^{\mathrm{T}}\boldsymbol{w}''+(\lambda-1)\lambda\|\boldsymbol{w}''\|^2=0。$$

由于$\lambda\in(0,1)$，得到$\lambda^2-\lambda\neq0$，进而等号两边进行化简得到

$$\|\boldsymbol{w}'-\boldsymbol{w}''\|^2=0,$$

利用范数的定义得到

$$\boldsymbol{w}'=\boldsymbol{w}''。$$

证毕

定理 3.1.4(b 的解区间定理) 原始问题(3.1)关于参数 b 的解是一个区间 $[\lambda_1,\lambda_2]$,即在求得问题最优解 $\boldsymbol{w}^*$ 后,对于区间$[\lambda_1,\lambda_2]$内的任何一个 b^*,都存在着 $\boldsymbol{\xi}^*$,使得$(\boldsymbol{w}^*,b^*,\boldsymbol{\xi}^*)$是该问题的解。

证明 由于问题(3.1)是凸二次规划,因此它的解集为凸集,从定理 3.1.2、定理 3.1.3 知,问题(3.1)关于 $\boldsymbol{w}$ 的解是唯一的,关于 b 的解可能不唯一,由于目标函数是连续函数,所以不唯一的 b 的解的全体构成一个区间。

综合前面的两个定理,可以得到如下定理。

定理 3.1.5(原问题解的定理) 原始问题(3.1)存在着唯一的 $\boldsymbol{w}^*$ 和 λ_1,λ_2(二者有时相等),使得该问题的解$(\boldsymbol{w}^*,b^*)$表示为$\{(\boldsymbol{w},b)\mid \boldsymbol{w}=\boldsymbol{w}^*,b\in[\lambda_1,\lambda_2]\}$。

关于参数 b 的取值下限 λ_1 和上限 λ_2 在 3.2 节中将给出严格的推导过程。

3.1.2 对偶问题及其与原始问题的关系

在实际应用过程中,我们常常求解对偶问题,通过对偶问题的解得到原始问题的解,为此有必要研究它们之间的关系,我们首先推出对偶问题。

为了推出上式的对偶问题,我们把约束条件变形为

$$\begin{aligned}&-y_i[(\boldsymbol{x}_i\cdot\boldsymbol{w})+b]-\xi_i+1\leqslant 0,\quad i=1,2,\cdots,m,\\&-\xi_i\leqslant 0,\quad i=1,2,\cdots,m。\end{aligned}\tag{3.2}$$

引入拉格朗日乘子 $\alpha_i(i=1,2,\cdots,m)$和 $\eta_i(i=1,2,\cdots,m)$构造拉格朗日函数:

$$L(\boldsymbol{w},b,\boldsymbol{\xi},\boldsymbol{\alpha},\boldsymbol{\eta})=\frac{1}{2}\|\boldsymbol{w}\|^2+\sum_{i=1}^{m}C_i\xi_i+\sum_{i=1}^{m}\alpha_i[-y_i(\boldsymbol{w}\cdot\boldsymbol{x}_i+b)-\xi_i+1]+\sum_{i=1}^{m}\eta_i(-\xi_i),\tag{3.3}$$

相应的上述最优化问题的沃尔夫对偶问题是

$$\begin{aligned}\max_{\boldsymbol{w},b,\boldsymbol{\xi},\boldsymbol{\alpha},\boldsymbol{\eta}}\quad & L(\boldsymbol{w},b,\boldsymbol{\xi},\boldsymbol{\alpha},\boldsymbol{\eta})\\ \text{s.t.}\quad & \nabla_{\boldsymbol{w}}L(\boldsymbol{w},b,\boldsymbol{\xi},\boldsymbol{\alpha},\boldsymbol{\eta})=\boldsymbol{0},\\ & \nabla_{b}L(\boldsymbol{w},b,\boldsymbol{\xi},\boldsymbol{\alpha},\boldsymbol{\eta})=0,\\ & \nabla_{\boldsymbol{\xi}}L(\boldsymbol{w},b,\boldsymbol{\xi},\boldsymbol{\alpha},\boldsymbol{\eta})=\boldsymbol{0},\\ & \boldsymbol{\alpha}\geqslant\boldsymbol{0},\quad \boldsymbol{\eta}\geqslant\boldsymbol{0}。\end{aligned}$$

上述约束条件经过整理得到

$$\boldsymbol{w}-\sum_{i=1}^{m}\alpha_i y_i\boldsymbol{x}_i=\boldsymbol{0},\tag{3.4}$$

$$\sum_{i=1}^{m}\alpha_i y_i=0,\tag{3.5}$$

$$C_i - \alpha_i - \eta_i = 0, \quad i = 1,2,\cdots,m, \tag{3.6}$$

$$\alpha_i \geqslant 0, \eta_i \geqslant 0, \quad i = 1,2,\cdots,m。 \tag{3.7}$$

把约束条件(3.5)～(3.7)代入目标函数，得到相应于上述最优化问题的沃尔夫对偶问题是

$$\begin{aligned} \max_{\boldsymbol{\alpha}} \quad & W(\boldsymbol{\alpha}) = \sum_{i=1}^{m}\alpha_i - \frac{1}{2}\sum_{i,j=1}^{m}\alpha_i\alpha_j y_i y_j(\boldsymbol{x}_i \cdot \boldsymbol{x}_j) \\ \text{s.t.} \quad & \sum_{i=1}^{m}\alpha_i y_i = 0, \\ & C_i \geqslant \alpha_i \geqslant 0, \quad i = 1,2,\cdots,m。 \end{aligned} \tag{3.8}$$

定理 3.1.6(对偶解存在性定理) 设($\boldsymbol{w}^*, b^*, \boldsymbol{\xi}^*$)是原始问题(3.1)的解，则对偶问题(3.8)一定有最优解 $\boldsymbol{\alpha}^* = (\alpha_1^*, \alpha_2^*, \cdots, \alpha_m^*)^{\mathrm{T}}$ 使得

$$\boldsymbol{w}^* = \sum_{i=1}^{m}\alpha_i^* y_i \boldsymbol{x}_i。$$

证明 由定理 3.1.4 和凸约束问题的沃尔夫对偶定理 2.4.7 可知，若($\boldsymbol{w}^*$, b^*, $\boldsymbol{\xi}^*$)是原始问题(3.1)的解，则对偶问题(3.8)必有解$\boldsymbol{\alpha}^* = (\alpha_1^*, \alpha_2^*, \cdots, \alpha_m^*)^{\mathrm{T}}$，且满足式(3.5)，由于 α_i^* 是问题(3.1)约束条件所对应的拉格朗日乘子，满足互补松弛条件，即

$$\alpha_i^*[y_i(\boldsymbol{w}^* \cdot \boldsymbol{x}_i + b^*) - 1 + \xi_i^*] = 0, \tag{3.9}$$

$$(C_i - \alpha_i)\xi_i = 0, \quad i = 1,2,\cdots,m。 \tag{3.10}$$

当原始问题(3.1)的约束条件 $y_i(\boldsymbol{w}^* \cdot \boldsymbol{x}_i + b^*) < 1$，由式(3.9)、式(3.10)可以得到 $\alpha_i^* = C_i \neq 0$；当 $y_i(\boldsymbol{w}^* \cdot \boldsymbol{x}_i + b^*) = 1$ 时，有 $C_i \geqslant \alpha_i^* \geqslant 0$；当 $y_i(\boldsymbol{w}^* \cdot \boldsymbol{x}_i + b^*) > 1$ 时，有 $\boldsymbol{\alpha}^* = \boldsymbol{0}$。

对偶问题(3.8)的解可能不唯一，由对偶问题的任意一个解利用式(3.4)可以求出原始问题(3.1)关于 $\boldsymbol{w}$ 的解，利用式(3.9)、式(3.10)可以求出原始问题(3.1)关于 b 的解；但我们已经证明了原始问题(3.1)关于 $\boldsymbol{w}$ 的解是唯一的，b 的解是否唯一情况还没有讨论，为此下面我们给出 b 的求解过程，通过详细的推导过程可以得到参数 b 不唯一的必要条件，同时也给出参数 b 的取值唯一的充分条件，以及不唯一的充要条件。下面讨论在已知 $\boldsymbol{w}$ 的解的前提下，如何求解参数 b。

3.2 加权支持向量分类机阈值求解

可以证明在线性可分的情况下，解 $\boldsymbol{w}^*$, b^* 是唯一的，得到的决策函数 $\mathrm{sgn}(\boldsymbol{w} \cdot \boldsymbol{x} + b)$唯一[50]；但对于线性不可分的情况，$\boldsymbol{w}^*$ 的解仍是唯一的，b^* 的解是否唯一则成为我们关心的问题，后面将针对 b^* 的解给予回答。

我们注意到问题(3.8)并不是严格凸的，相应的最优解$\boldsymbol{\alpha}^*=(\alpha_1^*,\alpha_2^*,\cdots,\alpha_m^*)^{\mathrm{T}}$可能不唯一，但原问题(3.1)的解 $\boldsymbol{w}=\sum_{i=1}^{m}\alpha_i y_i \boldsymbol{x}_i$，我们已经证明了其唯一性，我们知道参数 b 的求解是依赖解 $\boldsymbol{w}^*$ 的，从最优化的知识可知，原问题(3.1)是凸二次规划，KT 条件为式(3.5)～(3.7)，式(3.9)、式(3.10)既是凸二次规划(3.1)的最优解的必要条件，同时也是充分条件。支持向量分类机的研究逻辑是：先求得对偶问题(3.8)的最优解$\boldsymbol{\alpha}^*=(\alpha_1^*,\alpha_2^*,\cdots,\alpha_m^*)^{\mathrm{T}}$，然后由对偶的解得到原问题(3.1)的最优解 $\boldsymbol{w}=\sum_{i=1}^{m}\alpha_i y_i \boldsymbol{x}_i$，由 KT 条件可知原问题的最优解、对偶问题(3.8)的最优解$\boldsymbol{\alpha}^*=(\alpha_1^*,\alpha_2^*,\cdots,\alpha_m^*)^{\mathrm{T}}$ 一定满足 KT 条件(3.5)～(3.7)；要求出原问题关于 b 的最优解，只需满足式(3.9)、式(3.10)即可，通过式(3.9)、式(3.10)恰好这两个式子是求解参数 b 的很重要的条件。

如果对偶问题解存在分量 $C_i>\alpha_i>0$，即求出参数 b：

$$b=y_i-\boldsymbol{w}\cdot\boldsymbol{x}_i=y_i-\sum_{j=1}^{m}\alpha_j y_j(\boldsymbol{x}_j\cdot\boldsymbol{x}_i),\quad C_i>\alpha_i>0。$$

如果不存在 $C_i>\alpha_i>0$，原问题的决策函数 b 如何求呢？或者如果存在多个 $C_i>\alpha_i>0$，原问题的决策函数 b 唯一吗？本节将给出具体定理回答这些问题。下面给出 b 的求法，回答参数 b 取值唯一的充分条件、不唯一的必要条件，以及不唯一的充要条件，不唯一情况下其取值的下限 λ_1、上限 λ_2。

原问题的最优解 $\boldsymbol{w}=\sum_{i=1}^{m}\alpha_i y_i \boldsymbol{x}_i$，在原问题最优解 $\boldsymbol{w}^*$ 的基础上，对偶问题(3.8)的解$\boldsymbol{\alpha}^*=(\alpha_1^*,\alpha_2^*,\cdots,\alpha_m^*)^{\mathrm{T}}$ 自然满足前 4 条，为此我们求出原问题第二个参数 b 仍为原问题(3.1) 的解，必须满足后两条，为此我们基于 KT 条件的后两条求出原问题的另一个参数 b，即在求出对偶问题的解的基础上得到原问题的解，必须验证且只需验证 KT 条件的后两条(互补条件)。

3.2.1 参数 b 的详细推导过程

由于对偶问题的解 α_i 有三种取值，一种是等于 C_i，一种为 0，一种为介于二者之间。

(1) 当 $\alpha_i=C_i$，由 KT 条件 $C_i=\alpha_i+\eta_i$，可得 $\eta_i=0$，即 $\eta_i\cdot\xi_i=0$ 自然成立。为了求参数 b，代入式子 $\alpha_i[1-y_i(\boldsymbol{w}\cdot\boldsymbol{x}_i+b)-\xi_i]=0$ 中，得到参数 $\xi_i=1-y_i(\boldsymbol{w}\cdot\boldsymbol{x}_i+b)$，利用 $\xi_i\geqslant 0$ 得到 $y_i b\leqslant 1-y_i\boldsymbol{w}\cdot\boldsymbol{x}_i$，整理这个式子，得到

$$-1-\boldsymbol{w}\cdot\boldsymbol{x}_i\leqslant b,\quad i\in\{i\mid y_i=-1,\alpha_i=C_i\},\tag{3.11}$$

$$b\leqslant 1-\boldsymbol{w}\cdot\boldsymbol{x}_i,\quad i\in\{i\mid y_i=1,\alpha_i=C_i\}。\tag{3.12}$$

(2) 当 $\alpha_i=0$,因为 $\eta_i\cdot\xi_i=0$,$C_i=\alpha_i+\eta_i$ 要成立,可得到参数 $\xi_i=0$。由于 $\alpha_i=0$,所以 $\alpha_i[1-y_i(\boldsymbol{w}\cdot\boldsymbol{x}_i+b)-\xi_i]=0$ 自然成立,为此只需要满足原始问题的约束式子,即得到 $y_i[(\boldsymbol{x}_i\cdot\boldsymbol{w})+b]\geqslant 1$,由此得到 $y_ib\geqslant 1-y_i\boldsymbol{w}\cdot\boldsymbol{x}_i$,整理这个式子,得到

$$1-\boldsymbol{w}\cdot\boldsymbol{x}_i\leqslant b,\quad i\in\{i\mid y_i=1,\alpha_i=0\},\tag{3.13}$$

$$b\leqslant -1-\boldsymbol{w}\cdot\boldsymbol{x}_i,\quad i\in\{i\mid y_i=-1,\alpha_i=0\}。\tag{3.14}$$

(3) 当 $0<\alpha_i<C_i$,由 $C_i=\alpha_i+\eta_i$,$\eta_i\cdot\xi_i=0$ 成立,可得到参数 $\xi_i=0$,为了求参数 b,代入式子 $\alpha_i[1-y_i(\boldsymbol{w}\cdot\boldsymbol{x}_i+b)-\xi_i]=0$ 中,得到参数 $\xi_i=1-y_i(\boldsymbol{w}\cdot\boldsymbol{x}_i+b)$,利用 $\xi_i\geqslant 0$ 得到 $y_ib\leqslant 1-y_i\boldsymbol{w}\cdot\boldsymbol{x}_i$,整理这个式子,得到

$$-1-\boldsymbol{w}\cdot\boldsymbol{x}_i\leqslant b,\quad i\in\{i\mid y_i=-1,0<\alpha_i<C_i\},\tag{3.15}$$

$$b\leqslant 1-\boldsymbol{w}\cdot\boldsymbol{x}_i,\quad i\in\{i\mid y_i=1,0<\alpha_i<C_i\}。\tag{3.16}$$

由于式(3.11)~式(3.16)同时满足,得到参数 b 的取值范围为

$$\lambda_1=\max\{-1-\boldsymbol{w}\cdot\boldsymbol{x}_i\mid y_i=-1,\alpha_i=C_i;\ 1-\boldsymbol{w}\cdot\boldsymbol{x}_i\mid y_i=1,\alpha_i=0\},\tag{3.17}$$

$$\lambda_2=\min\{1-\boldsymbol{w}\cdot\boldsymbol{x}_i\mid y_i=1,\alpha_i>0;\ -1-\boldsymbol{w}\cdot\boldsymbol{x}_i\mid y_i=-1,\alpha_i=0\},\tag{3.18}$$

$$\lambda_1\leqslant b\leqslant\lambda_2。\tag{3.19}$$

如果在实际应用中,需要写出参数 b 的解析表达式,本节给出其中一个解析表达式为:

$$b=\frac{1}{2}(\lambda_1+\lambda_2)。\tag{3.20}$$

又由于

$$\begin{aligned}\sum_{i=1}^{m}C_i\xi_i&=\sum_{\alpha_i=C_i}C_i\xi_i=\sum_{\alpha_i=C_i}C_i[1-y_i(\boldsymbol{w}\cdot\boldsymbol{x}_i+b)]\\&=\sum_{\alpha_i=C_i}C_i-\sum_{\alpha_i=C_i}C_iy_i(\boldsymbol{w}\cdot\boldsymbol{x}_i)-b\left(\sum_{\alpha_i=C_i}C_iy_i\right)。\end{aligned}\tag{3.21}$$

因为参数 $\boldsymbol{w}$ 的唯一性,可以看到目标函数的值依赖于 $\sum\limits_{\alpha_i=C_i}C_i\xi_i$,进而依赖于 $\sum\limits_{\alpha_i=C_i}C_iy_ib$,由于目标函数式求得最小值,如果不存在 $C_i>\alpha_i>0$,参数 b 的范围为

$$\lambda_1\leqslant b\leqslant\lambda_2,\tag{3.22}$$

其中

$$\lambda_1=\max\{-1-\boldsymbol{w}\cdot\boldsymbol{x}_i\mid y_i=-1,\alpha_i=C_i;\ 1-\boldsymbol{w}\cdot\boldsymbol{x}_i\mid y_i=1,\alpha_i=0\};\tag{3.23}$$

$$\lambda_2=\min\{1-\boldsymbol{w}\cdot\boldsymbol{x}_i\mid y_i=1,\alpha_i>0;\ -1-\boldsymbol{w}\cdot\boldsymbol{x}_i\mid y_i=-1,\alpha_i=0\}。\tag{3.24}$$

3.2.2 参数 b 的定理

定理 3.2.1(b 的区间取值定理) 设$\boldsymbol{\alpha}^*=(\alpha_1^*,\alpha_2^*,\cdots,\alpha_m^*)^{\mathrm{T}}$是对偶问题(3.8)的任一解,若不存在$\boldsymbol{\alpha}^*$的分量$\alpha_j^*\in(0,C_j)$,则原始问题对$(\boldsymbol{w},b)$的解是存在的,对$\boldsymbol{w}$来说是唯一的,对$b$来说不一定唯一。此时原始问题的最优解$(\boldsymbol{w}^*,b^*)$的集合表示为:$\{(\boldsymbol{w},b)\mid \boldsymbol{w}=\boldsymbol{w}^*,b\in[\lambda_1,\lambda_2]\}$,其中

$$\boldsymbol{w}^*=\sum_{i=1}^{m}\alpha_i^* y_i\boldsymbol{x}_i$$

$$\lambda_1=\max\{-1-\boldsymbol{w}\cdot\boldsymbol{x}_i\mid y_i=-1,\alpha_i=C_i;\ 1-\boldsymbol{w}\cdot\boldsymbol{x}_i\mid y_i=1,\alpha_i=0\};$$

$$\lambda_2=\min\{1-\boldsymbol{w}\cdot\boldsymbol{x}_i\mid y_i=1,\alpha_i>0;\ -1-\boldsymbol{w}\cdot\boldsymbol{x}_i\mid y_i=-1,\alpha_i=0\}。$$

注 当加权支持向量分类机模型中系数满足$C_i=C(i=1,2,\cdots,m)$,定理3.2.1就退化为定理2.1.16。为了好理解定理3.2.2,我们先说明一下正类支持向量和负类支持向量:

正类支持向量为$\{\boldsymbol{x}_i\mid y_i=+1,\alpha_i^*>0\}$,负类支持向量为$\{\boldsymbol{x}_i\mid y_i=-1,\alpha_i^*>0\}$。

定理 3.2.2 设$\boldsymbol{\alpha}^*=(\alpha_1^*,\alpha_2^*,\cdots,\alpha_m^*)^{\mathrm{T}}$是对偶问题(3.8)的任一解,若不存在$\boldsymbol{\alpha}^*$的分量$\alpha_j^*\in(0,C_j)$,参数$b$的取值分如下3种情况:

(1) 当正类支持向量对应的拉格朗日乘子之和大于负类支持向量对应的拉格朗日乘子之和,即$\sum\limits_{\alpha_i=C_i}C_iy_i>0$,参数$b$取范围中的上界,参数$b$的取值唯一,即

$$b=\min\{1-\boldsymbol{w}\cdot\boldsymbol{x}_i\mid y_i=1,\alpha_i=C_i;\ -1-\boldsymbol{w}\cdot\boldsymbol{x}_i\mid y_i=-1,\alpha_i=0\}=\lambda_2。\tag{3.25}$$

(2) 当正类支持向量对应的拉格朗日乘子之和小于负类支持向量拉格朗日乘子之和,即$\sum\limits_{\alpha_i=C_i}C_iy_i<0$,参数$b$取范围中的下界,参数$b$的取值唯一,即

$$b=\max\{-1-\boldsymbol{w}\cdot\boldsymbol{x}_i\mid y_i=-1,\alpha_i=C_i;\ 1-\boldsymbol{w}\cdot\boldsymbol{x}_i\mid y_i=1,\alpha_i=0\}=\lambda_1。\tag{3.26}$$

(3) 当正类支持向量对应的拉格朗日乘子之和等于负类支持向量拉格朗日乘子之和,即$\sum\limits_{\alpha_i=C_i}C_iy_i=0$,参数$b$的取值可能不唯一,即

$$\begin{aligned}\lambda_1=&\max\{-1-\boldsymbol{w}\cdot\boldsymbol{x}_i\mid y_i=-1,\alpha_i=C_i;\ 1-\boldsymbol{w}\cdot\boldsymbol{x}_i\mid \boldsymbol{y}_i=1,\alpha_i=0\}\leqslant b\\ &\leqslant\min\{1-\boldsymbol{w}\cdot\boldsymbol{x}_i\mid y_i=1,\alpha_i=C_i;\ -1-\boldsymbol{w}\cdot\boldsymbol{x}_i\mid y_i=-1,\alpha_i=0\}=\lambda_2。\end{aligned}\tag{3.27}$$

对于对偶问题(3.8),若其最优解存在多个分量满足$C_i>\alpha_i>0$,原问题(3.1)的决策函数b的情况由下面定理3.2.3给出结论。

定理 3.2.3 设$\boldsymbol{\alpha}^*=(\alpha_1^*,\alpha_2^*,\cdots,\alpha_m^*)^{\mathrm{T}}$是对偶问题(3.8)的任一解,若存在着

$\boldsymbol{\alpha}^*$ 的分量 $\alpha_k^* \in (0, C_k)$，那么参数 b 的值唯一；此外如果还存在分量满足 $C_i > \alpha_i^* > 0 (i \neq k)$，则参数 b 的值也唯一。

证明 当 $0 < \alpha_k < C_k$ 时，由于条件 $C_k = \alpha_k + \eta_k, \eta_k \cdot \xi_k = 0$ 必须满足，所以得到 $\xi_k = 0$，把它代入到 $\alpha_k[1 - y_k(\boldsymbol{w} \cdot \boldsymbol{x}_k + b) - \xi_k] = 0$ 中，得到 $1 - y_k(\boldsymbol{w} \cdot \boldsymbol{x}_k + b) = 0$，即整理得到 $b = 1 - \boldsymbol{w} \cdot \boldsymbol{x}_k \mid y_k = +1, \alpha_k > 0$ 或 $b = -1 - \boldsymbol{w} \cdot \boldsymbol{x}_k \mid y_k = -1, \alpha_k > 0$。由此我们可以看到：

当 $y_k = 1$ 时，$b = 1 - \boldsymbol{w} \cdot \boldsymbol{x}_k \mid y_k = +1, \alpha_k > 0$，可得到 $b \geqslant \lambda_2$，为此 $b = \lambda_2$，所以参数 b 唯一；

当 $y_k = -1$ 时，$b = -1 - \boldsymbol{w} \cdot \boldsymbol{x}_k \mid y_k = -1, \alpha_k > 0$，可得到 $b \leqslant \lambda_1$，为此 $b = \lambda_1$，所以参数 b 唯一；

如果同时存在正类支持向量对应的 $0 < \alpha_k < C_k$ 和负类支持向量对应的 $0 < \alpha_j < C_j$，我们可以得到 $b \geqslant \lambda_2, b \leqslant \lambda_1$ 同时成立，即得到 $b = \lambda_2 = \lambda_1$，则参数 b 的值唯一。

定理 3.2.3 给出参数 b 唯一的充分条件，也可以认为定理 3.2.3 给出参数 b 不唯一的必要条件。通过参数 b 的求解过程，我们还可以得到另外的参数 b 不唯一的必要条件，见定理 3.2.4。

定理 3.2.4(参数 b 的值不唯一的必要条件) 设问题(3.8)的最优解为 $\boldsymbol{\alpha}^* = (\alpha_1^*, \alpha_2^*, \cdots, \alpha_m^*)^{\mathrm{T}}$，如果参数 b 的值不唯一，则一定有 $\sum_{\alpha_i = C_i} C_i y_i = 0$。

证明 由参数 b 的值求解过程中的式(3.21)直接可得。

推论 3.2.5 标准支持向量分类机模型中，参数 b 的值不唯一的必要条件是正类支持向量的个数等于负类支持向量的个数。

前面我们给出参数 b 唯一的充分条件，以及参数 b 不唯一的必要条件(即支持向量所对应的拉格朗日乘子都为 C_i) 及 $\sum_{\alpha_i = C_i} C_i y_i = 0$。

下面的定理[120]给出了集合 $\lambda_1 < \lambda_2$ 的充分必要条件，即参数 b 不唯一的充分必要条件。

定理 3.2.6 对于问题(3.1)关于$(\boldsymbol{w}, b)$的解集合，假设$(\boldsymbol{w}, b, \boldsymbol{\xi})$为问题(3.1)的一个解，若定义集合

$$N_1 = \{i \mid y_i = 1, \boldsymbol{w} \cdot \boldsymbol{x}_i + b < 1\}, \quad N_2 = \{i \mid y_i = -1, \boldsymbol{w} \cdot \boldsymbol{x}_i + b > -1\},$$

$$N_3 = \{i \mid y_i = 1, \boldsymbol{w} \cdot \boldsymbol{x}_i + b = 1\}, \quad N_4 = \{i \mid y_i = -1, \boldsymbol{w} \cdot \boldsymbol{x}_i + b = -1\},$$

$$N_5 = \{i \mid y_i = 1, \boldsymbol{w} \cdot \boldsymbol{x}_i + b > 1\}, \quad N_6 = \{i \mid y_i = -1, \boldsymbol{w} \cdot \boldsymbol{x}_i + b < -1\},$$

则集合 $\lambda_1 < \lambda_2$ 的充分必要条件为至少下面某一种情况出现：

(1) $\sum_{i \in N_2 \cup N_4} C_i = \sum_{i \in N_1} C_i$；

(2) $\sum_{i\in N_1\cup N_3} C_i = \sum_{i\in N_2} C_i$。

证明 充分性。假设条件(1)成立,定义

$$\Delta = \min\{\min_{i\in N_1}\xi_i, \min_{i\in N_6}(-1-\boldsymbol{w}\cdot\boldsymbol{x}_i-b)\}, \tag{3.28}$$

则 $\Delta>0$,令 $\boldsymbol{w}'=\boldsymbol{w}, b'=b+\Delta$,则

$$\xi_i' = \xi_i^* - \Delta, \quad \forall i\in N_1,$$
$$\xi_i' = \xi_i^* + \Delta, \quad \forall i\in N_2\cup N_4,$$
$$\xi_i' = 0, \quad 其他情况,$$

那么$(\boldsymbol{w}', b', \boldsymbol{\xi}')$是问题(3.1)的可行解,而且所对应的最优目标函数值等于$(\boldsymbol{w}^*, b^*, \boldsymbol{\xi}^*)$所对应的函数值,所以原问题的参数 b 的解不唯一。同理可证明当(2)条件成立时,定义

$$\Delta = \min\{\min_{i\in N_2}\xi_i, \min_{i\in N_5}(\boldsymbol{w}\cdot\boldsymbol{x}_i+b-1)\}, \tag{3.29}$$

令 $\boldsymbol{w}'=\boldsymbol{w}, b'=b-\Delta$,

$$\xi_i' = \xi_i^* - \Delta, \quad \forall i\in N_2,$$
$$\xi_i' = \xi_i^* + \Delta, \quad \forall i\in N_1\cup N_3,$$
$$\xi_i' = 0, \quad 其他情况,$$

则$(\boldsymbol{w}', b', \boldsymbol{\xi}')$是原问题(3.1)的可行解,而且所对应的最优目标函数值等于$(\boldsymbol{w}^*, b^*, \boldsymbol{\xi}^*)$所对应的函数值,所以原问题的参数 b 的解不唯一。

必要性。假设原问题的参数 b 的解不唯一,设 $b'=b^*+t(t>0)$为最优解,利用下述 KT 条件:

$$\alpha_i(1-y_i(\boldsymbol{w}\cdot\boldsymbol{x}_i+b)-\xi_i)=0,$$

整理得到

$$\xi_i = 1-y_i(\boldsymbol{w}\cdot\boldsymbol{x}_i)-y_ib。$$

当参数 b 变为 b' 时,计算这时所对应新的松弛变量 ξ_i',当 $\alpha_i\neq 0$,可以得到

$$\xi_i' = \xi_i - t, i\in N_1=\{i \mid y_i=1, \boldsymbol{w}\cdot\boldsymbol{x}_i+b<1\},$$
$$\xi_i' = \xi_i + t, i\in N_2=\{i \mid y_i=-1, \boldsymbol{w}\cdot\boldsymbol{x}_i+b>-1\},$$
$$\xi_i' = \xi_i = 0, i\in N_3=\{i \mid y_i=1, \boldsymbol{w}\cdot\boldsymbol{x}_i+b=1\},$$
$$\xi_i' = \xi_i + t, i\in N_4=\{i \mid y_i=-1, \boldsymbol{w}\cdot\boldsymbol{x}_i+b=-1\},$$
$$\xi_i' = \xi_i = 0, i\in N_5=\{i \mid y_i=1, \boldsymbol{w}\cdot\boldsymbol{x}_i+b>1\},$$
$$\xi_i' = \xi_i' = 0, i\in N_6=\{i \mid y_i=-1, \boldsymbol{w}\cdot\boldsymbol{x}_i+b<-1\}。$$

由于问题(3.1)在每个最优解处的目标函数值都相等,则必须有条件(1),即 $\sum_{i\in N_2\cup N_4} C_i = \sum_{i\in N_1} C_i$ 成立。参数 t 的取值范围是一个区间,即

$$[0,\min\{\min_{i\in N_1}\xi_i,\min_{i\in N_6}(-1-\boldsymbol{w}\cdot\boldsymbol{x}_i-b)\}]。$$

若设 $b'=b^*-t(t>0)$ 为最优解，计算这时所对应新的松弛变量 ξ_i'，当 $\alpha_i\neq 0$，可以得到

$$\xi_i'=\xi_i+t,i\in N_1=\{i\mid y_i=1,\boldsymbol{w}\cdot\boldsymbol{x}_i+b<1\},$$
$$\xi_i'=\xi_i-t,i\in N_2=\{i\mid y_i=-1,\boldsymbol{w}\cdot\boldsymbol{x}_i+b>-1\},$$
$$\xi_i'=\xi_i+t,i\in N_3=\{i\mid y_i=1,\boldsymbol{w}\cdot\boldsymbol{x}_i+b=1\},$$
$$\xi_i'=\xi_i=0,i\in N_4=\{i\mid y_i=-1,\boldsymbol{w}\cdot\boldsymbol{x}_i+b=-1\},$$
$$\xi_i'=\xi_i=0,i\in N_5=\{i\mid y_i=1,\boldsymbol{w}\cdot\boldsymbol{x}_i+b>1\},$$
$$\xi_i'=\xi_i'=0,i\in N_6=\{i\mid y_i=-1,\boldsymbol{w}\cdot\boldsymbol{x}_i+b<-1\}。$$

根据新的最优解必须使目标函数值不变，则必须条件(2)，即 $\sum\limits_{i\in N_1\cup N_3}C_i=\sum\limits_{i\in N_2}C_i$ 成立。

证毕

推论 3.2.7 当条件(1)成立时，推知集合 N_3 中没有支持向量，当条件(2)成立时，推知集合 N_4 中没有支持向量。令集合 V 代表支持向量下标集合，则参数不唯一的必要条件为 $\sum\limits_{i\in V}C_iy_i=0$。

推论 3.2.8 当所有的惩罚系数相等时，参数 b 不唯一的充要条件是：

(1) $|N_1|=|N_2|+|N_4|$（$|N_4|$ 表示集合 N_4 中提供的支持向量的个数）；

或

(2) $|N_2|=|N_1|+|N_3|$（$|N_3|$ 表示集合 N_3 中提供的支持向量的个数）。

此推论与定理 2.1.12 一致。

我们把正类样本点 $y_i=1$ 对应的惩罚系数记为集合 C_+，把负类样本点 $y_i=-1$ 对应的惩罚系数记为集合 C_-，这样就把惩罚系数分为了两类，可以得到如下的推论 3.2.9。

推论 3.2.9 参数 b 不唯一的充要条件是：

(1) $(|N_1|)C_+=(|N_2|+|N_4|)C_-$（$|N_4|$ 表示集合 N_4 中提供的支持向量的个数）；

或

(2) $(|N_2|)C_-=(|N_1|+|N_3|)C_+$（$|N_3|$ 表示集合 N_3 中提供的支持向量的个数）。

此推论与文献[120]中的结论一致。

推论 3.2.7 的证明 由 KT 条件可以得到集合 N_1 中的点都是支持向量，并且 $\alpha_i=C_i(i\in N_1)$，集合 N_2 中的点都是支持向量，并且 $\alpha_i=C_i(i\in N_2)$；分解 KT

条件 $\sum_{i=1}^{m} y_i\alpha_i = 0$ 可以得到

$$\sum_{i\in N_1} C_i + \sum_{i\in N_3} \alpha_i = \sum_{i\in N_2} C_i + \sum_{i\in N_4} \alpha_i, \tag{3.30}$$

利用 $C_i=\alpha_i+\eta_i$，式(3.30)变形为

$$\sum_{i\in N_1} C_i + \sum_{i\in N_3} \alpha_i = \sum_{i\in N_2} C_i + \sum_{i\in N_4} C_i - \sum_{i\in N_4} \eta_i。 \tag{3.31}$$

把此式代入到条件(1)，即 $\sum_{i\in N_2\cup N_4} C_i = \sum_{i\in N_1} C_i$ 中，得到

$$\sum_{i\in N_3} \alpha_i + \sum_{i\in N_4} \eta_i = \sum_{i\in N_3} \alpha_i + \sum_{i\in N_4} (C_i - \alpha_i) = 0。 \tag{3.32}$$

因为 $C=\alpha_i+\eta_i, \alpha_i\geqslant 0, \eta_i\geqslant 0$，可以得到：

$$\alpha_i = 0, \quad i \in N_3, \tag{3.33}$$

$$\alpha_i = C_i, \quad i \in N_4。 \tag{3.34}$$

从式(3.33)、式(3.34)可以看出当条件(1)成立时，推知集合 N_3 中没有支持向量，集合 N_4 中支持向量对应的拉格朗日乘子一定满足：$\alpha_i=C_i$，其余的都为非支持向量。同理，当条件(2)成立时，我们按照上面的思路可以得到 $\alpha_i=0(i\in N_4)$，$\alpha_i=C_i(i\in N_3)$，即 N_4 中没有支持向量。综合上面的两个结论，令集合 V 代表支持向量集合，则参数不唯一的必要条件为 $\sum_{i\in V} C_i y_i = 0$。

推论 3.2.8 的证明 由定理 3.2.6 以及推论 3.2.7 的证明，参数 b 不唯一的充要条件是

$$|N_1| = |N_2| + |N_4|,$$

或

$$|N_2| = |N_1| + |N_3|。$$

推论 3.2.9 的证明 由定理 3.2.6 结论可以直接得出。

注 推论 3.2.7 与定理 3.2.4 一致，定理 3.2.4 的内容完全是通过 b 的推导过程(3.11)．(3.21)得出。而推论 3.2.7 是由定理 3.2.4 得到的，这体现了从不同的途径出发，得到了同一结论。

定理 3.2.10 设 $\boldsymbol{\alpha}^*=(\alpha_1^*,\alpha_2^*,\cdots,\alpha_m^*)^{\mathrm{T}}$ 是对偶问题的任一解，若存在 $\boldsymbol{\alpha}^*$ 的分量 $\alpha_j^*\in(0,C_j)$，则原始问题对 $(\boldsymbol{w},b)$ 的解是存在的，而且是唯一的，即若 $(\boldsymbol{w}_1,b_1,\boldsymbol{\xi}_1)$ 和 $(\boldsymbol{w}_2,b_2,\boldsymbol{\xi}_2)$ 都是原是问题的解，蕴含着 $\boldsymbol{w}_1=\boldsymbol{w}_2$ 和 $b_1=b_2$。进一步，此时问题对 $(\boldsymbol{w},b)$ 的解 $(\boldsymbol{w}^*,b^*)$ 可表示为

$$\boldsymbol{w}^* = \sum_{i=1}^{m} \alpha_i^* y_i \boldsymbol{x}_i$$

和

$$b^* = y_j - \sum_{i=1}^{m} y_i\alpha_i(\boldsymbol{x}_i \cdot \boldsymbol{x}_j)。$$

关于引入核映射的加权支持向量机问题解的性质、理论，关于 b 的最优解求解与上述线性加权支持向量机一致，在此不做叙述。下面给出加权支持向量分类机算法。

加权支持向量分类机算法

(1) 给定训练集 $T=\{(\boldsymbol{x}_1, y_1), (\boldsymbol{x}_2, y_2), \cdots, (\boldsymbol{x}_m, y_m)\} \in (X\times Y)^m$，$\boldsymbol{x}_i \in X=\mathbb{R}^n$，$y_i \in Y=\{-1,1\}$，$i=1,2,\cdots,m$。

(2) 选择核函数 $K(\boldsymbol{x}_i, \boldsymbol{x}_j)$和惩罚参数 $\boldsymbol{C}$，构造并求解最优化问题

$$\begin{aligned} \max \quad & W(\boldsymbol{\alpha}) = \sum_{i=1}^{m}\alpha_i - \frac{1}{2}\sum_{i,j=1}^{m}\alpha_i\alpha_j y_i y_j K(\boldsymbol{x}_i, \boldsymbol{x}_j) \\ \text{s.t.} \quad & \sum_{i=1}^{m}\alpha_i y_i = 0, \\ & 0 \leqslant \alpha_i \leqslant C_i, \quad i = 1,2,\cdots,m, \end{aligned} \tag{3.35}$$

得最优解$\boldsymbol{\alpha}^* = (\alpha_1^*, \alpha_2^*, \cdots, \alpha_m^*)^{\mathrm{T}}$。

(3) 计算 $\boldsymbol{w}^* = \sum_{i=1}^{m}\alpha_i^* y_i \boldsymbol{x}_i$，若存在$\boldsymbol{\alpha}^*$ 的分量 $\alpha_i^* \in (0, C_i)$，随意选择$\boldsymbol{\alpha}^*$ 的相应小于惩罚参数 C_i 的正分量，计算 $b = y_i - \boldsymbol{w}\cdot\boldsymbol{\phi}(\boldsymbol{x}_i) = y_i - \sum_{j=1}^{m}\alpha_j K(\boldsymbol{x}_j, \boldsymbol{x}_i)$，$b$ 唯一，否则利用式(3.23)、式(3.24) 计算参数 b 的上界、下界。

(4) 选择 b 的上界、下界构成的闭区间中的任意值，则决策函数变形为

$$f(\boldsymbol{x}) = \operatorname{sgn}\left(\sum_{i=1}^{m}\alpha_i^* y_i K(\boldsymbol{x}_i, \boldsymbol{x}) + b^*\right)。$$

3.3 加权支持向量分类机阈值唯一化

前面讲的加权支持向量分类机问题关于 $\boldsymbol{w}$ 的解唯一，关于阈值 b 可能不唯一。如果存在关于 b 的不唯一解，则最优解对应的超平面法方向相同，位置不同。超平面不唯一，决策函数 $\boldsymbol{w}\cdot\boldsymbol{x}+b$ 就不唯一，对待测试样本，不同的决策函数预测出来的结果就可能存在差异，这时自然就会产生一个问题：不同的决策函数到底选哪一个好？这给我们的判别工作带来了困扰。解决这个问题有两个途径：一是知道样本点母体的分布函数，利用期望风险最小来计算最优参数 b，但这一途径理论上行得通，实际上母体的分布函数并不知道，也无法获得的，为此这条途径不予考虑。二是定理 3.2.6 给出了加权支持向量分类机模型 b 不唯一的充要条件，从这个定理我们可以受到启发解决 b 不唯一的困扰，通过修改模型中的系数解决这个问题，

使在不影响问题解决的情况下，使参数 b 唯一化。

定理 3.3.1 对于问题(3.1)关于($\boldsymbol{w},b$)的解集合，假设($\boldsymbol{w},b,\boldsymbol{\xi}$)为问题(3.1)的一个解，对于上述定义，若条件

$$\sum_{i\in N_2\cup N_4} C_i = \sum_{i\in N_1} C_i$$

成立，则修改系数

$C_k'=C_k+\delta, k\in \operatorname{argmin}\{1-\boldsymbol{w}\cdot \boldsymbol{x}_i-b \mid i\in N_1\}, \delta=\min\{1-\boldsymbol{w}\cdot \boldsymbol{x}_i-b\}, i\in N_1$。

修改后的模型最优解唯一，且二者解之间的关系为

$$\boldsymbol{w}' = \boldsymbol{w}, \tag{3.36}$$

$$b' = b+\delta, \tag{3.37}$$

$$\begin{aligned} &\xi_i' = \xi_i - \delta, \quad \forall\, i \in N_1', \\ &\xi_i' = \xi_i + \delta, \quad \forall\, i \in N_2', \\ &\xi_i' = 0, \quad \text{其他情况。} \end{aligned} \tag{3.38}$$

若

$$\sum_{i\in N_1\cup N_3} C_i = \sum_{i\in N_2} C_i$$

成立，则修改系数

$C_k'=C_k+\delta, k\in \operatorname{argmin}\{1+\boldsymbol{w}\cdot \boldsymbol{x}_i+b \mid i\in N_2\}, \delta=\min\{1+\boldsymbol{w}\cdot \boldsymbol{x}_i+b\}, i\in N_2$。

修改后的模型最优解唯一，且二者解之间的关系

$$\boldsymbol{w}' = \boldsymbol{w}, \tag{3.39}$$

$$b' = b-\delta, \tag{3.40}$$

$$\begin{aligned} &\xi_i' = \xi_i + \delta, \quad \forall\, i \in N_1', \\ &\xi_i' = \xi_i - \delta, \quad \forall\, i \in N_2', \\ &\xi_i' = 0, \quad \text{其他情况。} \end{aligned} \tag{3.41}$$

证明 若条件(1)成立，修改后的模型：

$$\begin{aligned} \min_{\boldsymbol{w},b,\boldsymbol{\xi}} \quad & \frac{1}{2}\|\boldsymbol{w}\|^2 + \left(\sum_{i=1}^{k-1} C_i\xi_i\right) + (C_k+\delta)\xi_k + \sum_{i=k+1}^{m}\xi_i \\ \text{s. t.} \quad & y_i[(\boldsymbol{x}_i\cdot \boldsymbol{w})+b]+\xi_i \geqslant 1, \quad i=1,2,\cdots,m, \\ & \xi_i \geqslant 0, \quad i=1,2,\cdots,m。 \end{aligned} \tag{3.42}$$

由于式(3.39)～式(3.41)满足 KT 条件，由凸二次规划最优化理论可得式(3.39)～式(3.41)给出的值是(3.42)的最优解。

下面证明唯一性，对于解(3.39)～(3.41)，集合 $N_i(i=1,2,\cdots,6)$ 的元素发生变化：具体关系为

$$N_1' = N_1\backslash\{k\}, \tag{3.43}$$

$$N'_2 = N_2 \cup N_4, \tag{3.44}$$

$$N'_3 = \{k\}, \tag{3.45}$$

$$N'_4 \cup N'_6 = N_6, \tag{3.46}$$

$$N'_4 \cap N'_6 = \varnothing, \tag{3.47}$$

$$N'_5 = N_3 \cup N_5。 \tag{3.48}$$

对于上述的集合定义,我们不难写出条件(1) 的右边变为$\sum_{i\in N'_1} C_i = \sum_{i\in N_1} C_i - C_k$,条件(1) 的左边变为 $\sum_{i\in N'_2\cup N'_4} C_i = \sum_{i\in N_2\cup N_4} C_i + \sum_{i\in A} C_i (A\subseteq N_6)$。由于

$$\sum_{i\in N_2\cup N_4} C_i = \sum_{i\in N_1} C_i, \tag{3.49}$$

所以$\sum_{i\in N'_1} C_i \neq \sum_{i\in N'_2\cup N'_4} C_i$,即条件(1) 不成立。此外

$$\sum_{i\in N'_1\cup N'_3} C_i = \sum_{i\in N_1} C_i + \delta, \tag{3.50}$$

而$\sum_{i\in N'_2} C_i = \sum_{i\in N_2\cup N_4} C_i$,由于式(3.49) 成立,所以 $\sum_{i\in N'_1\cup N'_3} C_i \neq \sum_{i\in N'_2} C_i$,即条件(2) 不成立,所以式(3.39) ~ 式(3.41) 对于修改后的模型解唯一。

若条件(2)成立,另一半证明与条件(1)成立时的思路相同,在此略去。

在实际应用过程中,建立模型本身是一个设计过程,为此模型中每个样本点的重视程度系数的选取就带有一个自由度,即在一个范围中选取,这样如果建立的模型解 b 不唯一,对应的决策函数就不唯一,给应用带来实际困难;这样有了定理 3.3.1,我们就可以解决出现多个决策函数带来的困扰。

3.4 小结

本章系统地阐述了加权支持向量分类机(1.13)已有的理论结果,作为随后几章的基础。本章给出了加权支持向量分类机(1.13)解分量 $\boldsymbol{w}^*$ 唯一性的更初等的证明方法,详细给出了阈值求解的完整推导过程,得到所有情况下阈值的求解公式以及通用的解析表达式,阈值不唯一的必要条件,完善了支持向量分类机的优化理论基础。通过阈值不唯一充要条件,本章研究了在具体应用过程中如何通过修改模型参数,在不影响具体应用问题解决的前提下,提出使阈值唯一化的一个解决方法,同时给出参数变化后最优解的理论结果。这种唯一化的方法也是为第 4 章数据扰动分析方法要求参数唯一性作基础准备的。

第 4 章

加权线性支持向量分类机数据扰动分析

我们以加权线性支持向量分类机模型作为研究的基本对象，标准的线性支持向量分类机、线性可分支持向量分类机作为特例也包含在此研究之内。ν 线性支持向量分类机模型的研究也放在此章。

设想一个分类问题，训练数据来自于测定值，相对于真值存在一定的误差。用这样的数据构造的支持向量分类机模型，即使模型关于 $\boldsymbol{w}, b$ 的求解完全精确，而且在计算过程中也不存在舍入误差，数据误差仍将影响解 $\boldsymbol{w}, b$ 乃至决策函数。由此自然提出用带有误差的数据构造模型的解和决策函数与真值所对应的解和决策函数二者之间的近似程度如何？特别是，支持向量分类机的用处是对未知类别的点 $\boldsymbol{x}$，依据决策函数值的符号确定其类别。当对一个测试数据 $\boldsymbol{x}$，计算出决策函数值 $f(\boldsymbol{x})>0$ 而十分接近于零时，$f(\boldsymbol{x})>0$ 是不是由数据误差引起的，其准确性如何？另外当数据发生微小变化，能否无需重新求解而通过原解的某种修正得其近似解。

本章从原始问题分析数据误差对解以及决策函数的影响。支持向量分类机的数学模型是一个凸二次规划。一般的非线性规划灵敏度分析方法可以引用来解决支持向量机的数据扰动分析问题。但具体到支持向量分类机所对应的特殊二次规划问题，其灵敏度分析方法有何特殊性？如何才能使支持向量分类机问题满足一般的非线性规划理论的假设，以及引用一般理论所得出的结论，如何用于支持向量分类机的稳定性分析，决策函数随数据变化的规律，和表现为数据不同分量权重的分析等问题。本章对此进行了研究。

4.1 加权线性支持向量分类机数据扰动分析预备工作

设训练集 $T=\{(\boldsymbol{x}_1, y_1), (\boldsymbol{x}_2, y_2), \cdots, (\boldsymbol{x}_m, y_m)\}\in(X\times Y)^m$，$\boldsymbol{x}_i\in X=\mathbb{R}^n$，$y_i\in Y=\{-1,1\}$，$i=1,2,\cdots,m$。

加权线性支持向量分类机原始问题为

$$
\begin{aligned}
\min_{\boldsymbol{w},b,\boldsymbol{\xi}} \quad & f(\boldsymbol{w},b,\boldsymbol{\xi}) = \frac{1}{2}\|\boldsymbol{w}\|^2 + \sum_{i=1}^{m} C_i\xi_i \\
\text{s.t.} \quad & g_i(\boldsymbol{w},b,\boldsymbol{\xi}) = -y_i(\boldsymbol{x}_i\cdot\boldsymbol{w}+b)-\xi_i+1\leqslant 0, \quad i=1,2,\cdots,m, \\
& g_{m+i}(\boldsymbol{w},b,\boldsymbol{\xi}) = -\xi_i\leqslant 0, \quad i=1,2,\cdots,m。
\end{aligned}
\tag{4.1}
$$

其中$(\boldsymbol{x}_i,y_i)\in\mathbb{R}^n\times\{-1,+1\}$。

在问题(4.1)中约束条件中去掉$\xi_i(i=1,2,\cdots,m)$,从而去掉目标函数中的加权项$\sum_{i=1}^{m}C_i\xi_i$,和约束函数$g_1,g_2,\cdots,g_m$中含$\xi_i(i=1,2,\cdots,m)$的项,并去掉约束$g_{m+1},g_{m+2},\cdots,g_{2m}$,原始问题(4.1)就化为线性可分支持向量分类机问题:

$$
\begin{aligned}
\min_{\boldsymbol{w},b} \quad & f(\boldsymbol{w},b) = \frac{1}{2}\|\boldsymbol{w}\|^2 \\
\text{s.t.} \quad & g_i(\boldsymbol{w},b) = -y_i(\boldsymbol{x}_i\cdot\boldsymbol{w}+b)+1\leqslant 0, \quad i=1,2,\cdots,m。
\end{aligned}
\tag{4.2}
$$

为了叙述的方便,首先引入类数据点的概念。

设$(\boldsymbol{w}^*,b^*,\boldsymbol{\xi}^*)$是问题(4.1)的最优解,相应于$(\boldsymbol{w}^*,b^*,\boldsymbol{\xi}^*)$,训练数据$(\boldsymbol{x}_1,y_1),(\boldsymbol{x}_2,y_2),\cdots,(\boldsymbol{x}_m,y_m)$分为如下A,B,C三类:

A类:超平面$\boldsymbol{w}^*\cdot\boldsymbol{x}+b^*=1$上$y_i=+1$的点和超平面$\boldsymbol{w}^*\cdot\boldsymbol{x}+b^*=-1$上$y_i=-1$的点,为方便,记此类点为$(\boldsymbol{x}_1,y_1),(\boldsymbol{x}_2,y_2),\cdots,(\boldsymbol{x}_t,y_t)$。

B类:开半空间$\boldsymbol{w}^*\cdot\boldsymbol{x}+b^*>1$中$y_i=+1$的点和开半空间$\boldsymbol{w}^*\cdot\boldsymbol{x}+b^*<-1$中$y_i=-1$的点,为方便,记此类点为$(\boldsymbol{x}_{t+1},y_{t+1}),(\boldsymbol{x}_{t+2},y_{t+2}),\cdots,(\boldsymbol{x}_s,y_s)$。

C类:开半空间$\boldsymbol{w}^*\cdot\boldsymbol{x}+b^*<1$中$y_i=+1$的点和开半空间$\boldsymbol{w}^*\cdot\boldsymbol{x}+b^*>-1$中$y_i=-1$的点,为方便,记此类点为$(\boldsymbol{x}_{s+1},y_{s+1}),(\boldsymbol{x}_{s+2},y_{s+2}),\cdots,(\boldsymbol{x}_m,y_m)$。

对于线性可分支持向量分类机问题(4.2),由于训练点$(\boldsymbol{x}_i,y_i)$,$y_i=1$只能满足$\boldsymbol{w}^*\cdot\boldsymbol{x}+b^*=1$或者$\boldsymbol{w}^*\cdot\boldsymbol{x}+b^*>1$之一情况。同理,$(\boldsymbol{x}_i,y_i)$,$y_i=-1$只能满足$\boldsymbol{w}^*\cdot\boldsymbol{x}+b^*=-1$或$\boldsymbol{w}^*\cdot\boldsymbol{x}+b^*<-1$之一情况。C类为空集。亦即问题(4.2)训练数据只分为A,B两类。

定义了A,B,C三类点后,我们同时以符号A,B,C记这三类数据点的下标,再利用上一章对此下标的分类标记,于是有

$A=\{i\mid\boldsymbol{w}\cdot\boldsymbol{x}_i+b=1,y_i=1$ 或者 $\boldsymbol{w}\cdot\boldsymbol{x}_i+b=1,y_i=-1\}=\{1,2,\cdots,t\}=N_3\cup N_4$,

$B=\{i\mid\boldsymbol{w}\cdot\boldsymbol{x}_i+b>1,y_i=1$ 或者 $\boldsymbol{w}\cdot\boldsymbol{x}_i+b<-1,y_i=-1\}=\{t+1,t+2,\cdots,s\}=N_5\cup N_6$,

$C=\{i\mid\boldsymbol{w}\cdot\boldsymbol{x}_i+b<1,y_i=1$ 或者 $\boldsymbol{w}\cdot\boldsymbol{x}_i+b>-1,y_i=-1\}=\{s+1,s+2,\cdots,m\}=N_1\cup N_2$。

具体可参见图 4.1。

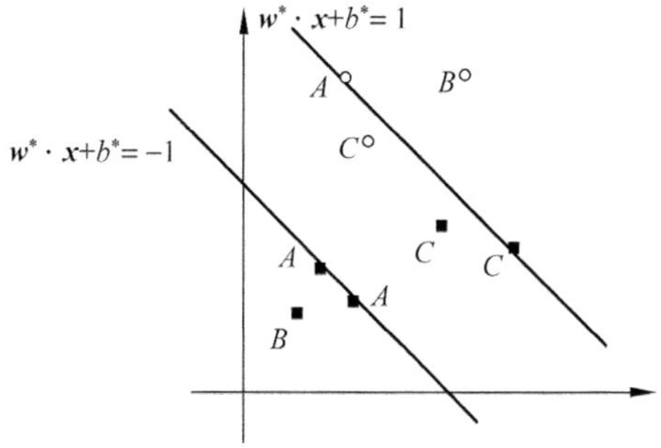

图 4.1 训练点的分类图

在此特别声明，在后文中始终与此处一样统一使用 A,B,C,t,s,m 符号，不再另加说明。

设 $(\boldsymbol{w}^*,b^*,\boldsymbol{\xi}^*)$ 是线性支持向量分类机的最优解，则有下面引理成立。

引理 4.1.1 设 $(\boldsymbol{w}^*,b^*,\boldsymbol{\xi}^*)$ 为问题(4.1)的最优解，则起作用约束指标集为

$$\begin{aligned}I(\boldsymbol{w}^*,b^*,\boldsymbol{\xi}^*) &= A\cup(m+A)\cup(m+B)\cup C\\ &=\{1,\cdots,t,m+1,\cdots,m+t,m+t+1,\cdots,m+s,s,\cdots,m\}。\end{aligned}\tag{4.3}$$

而对于问题(4.2)，有 $I(\boldsymbol{w}^*,b^*)=A=\{1,2,\cdots,t\}$。

证明 由于 $(\boldsymbol{w}^*,b^*,\boldsymbol{\xi}^*)$ 为问题(4.1)的最优解，即它是 KT 点，则一定存在乘子 $\boldsymbol{\alpha}^*=(\alpha_1^*,\alpha_2^*,\cdots,\alpha_{2m}^*)^{\mathrm{T}}$，使得条件(4.4)～(4.10)成立：

$$\boldsymbol{w}^*-\sum_{i=1}^{m}\alpha_i^* y_i\boldsymbol{x}_i=\boldsymbol{0},\tag{4.4}$$

$$\sum_{i=1}^{m}\alpha_i^* y_i=0,\tag{4.5}$$

$$C_i-\alpha_i^*-\alpha_{m+i}^*=0,\quad i=1,2,\cdots,m,\tag{4.6}$$

$$\alpha_i^*\geqslant 0,\quad i=1,2,\cdots,2m,\tag{4.7}$$

$$\alpha_i^*[-y_i(\boldsymbol{w}^*\cdot\boldsymbol{x}_i+b^*)-\xi_i^*+1]=0,\quad i=1,2,\cdots,m,\tag{4.8}$$

$$\alpha_{m+i}^*(-\xi_i^*)=0,\quad i=1,2,\cdots,m,\tag{4.9}$$

$$-y_i(\boldsymbol{w}^*\cdot\boldsymbol{x}_i+b^*)-\xi_i^*+1\leqslant 0,\quad i=1,2,\cdots,m,\tag{4.10}$$

$$-\xi_i^*\leqslant 0,\quad i=1,2,\cdots,m。\tag{4.11}$$

由于条件(4.10)～(4.11)为可行条件，最优解一定为可行解，所以通常 KT 条件指式(4.4)～式(4.9)，条件(4.4)～(4.9)等价记为

$$\begin{pmatrix} \boldsymbol{w}^* \\ 0 \\ C_1 \\ C_2 \\ \vdots \\ C_m \end{pmatrix} = \begin{pmatrix} \sum_{i=1}^{m} \alpha_i^* y_i \boldsymbol{x}_i \\ \sum_{i=1}^{m} \alpha_i^* y_i \\ \alpha_1^* + \alpha_{m+1}^* \\ \alpha_2^* + \alpha_{m+2}^* \\ \vdots \\ \alpha_m^* + \alpha_{2m}^* \end{pmatrix}, \quad \alpha_i^* g_i(\boldsymbol{w}^*, b^*, \boldsymbol{\xi}^*) = 0, \quad i = 1,2,\cdots,2m,$$

$\boldsymbol{\alpha}^* = (\alpha_1^*, \alpha_2^*, \cdots, \alpha_{2m}^*)^{\mathrm{T}} \geqslant 0$。

对于 $i \in A$，因为有 $\xi_i^* = 0$ 和 $-y_i(\boldsymbol{w}^* \cdot \boldsymbol{x}_i + b^*) - \xi_i^* + 1 = 0$；所以 A 类一个点对应两个起作用约束，A 类点对应的起作用集为

$$I_A(\boldsymbol{w}^*, b^*, \boldsymbol{\xi}^*) = A \cup (m + A) = \{1, \cdots, t, m+1, \cdots, m+t\} \subset I(\boldsymbol{w}^*, b^*, \boldsymbol{\xi}^*)。$$

对于 $i \in B$，满足 $\xi_i^* = 0, -y_i(\boldsymbol{w}^* \cdot \boldsymbol{x}_i + b^*) - \xi_i^* + 1 < 0$，$B$ 类一个点对应一个起作用约束，而 $t+1, t+2, \cdots, s \notin I(\boldsymbol{w}^*, b^*, \boldsymbol{\xi}^*)$，或者说 $B \cap I(\boldsymbol{w}^*, b^*, \boldsymbol{\xi}^*) = \varnothing$，$B$ 类点对应的起作用集为

$$I_B(\boldsymbol{w}^*, b^*, \boldsymbol{\xi}^*) = m + B = \{m+t+1, \cdots, m+s\} \subset I(\boldsymbol{w}^*, b^*, \boldsymbol{\xi}^*)。$$

对于 $i \in C$，满足 $\xi_i^* > 0, -y_i(\boldsymbol{w}^* \cdot \boldsymbol{x}_i + b^*) - \xi_i^* + 1 = 0$，$C$ 类一个点对应一个起作用约束，而 $m+s+1, m+s+2, \cdots, 2m \notin I(\boldsymbol{w}^*, b^*, \boldsymbol{\xi}^*)$，或者说 $(m+C) \cap I(\boldsymbol{w}^*, b^*, \boldsymbol{\xi}^*) = \varnothing$，$C$ 类点对应的起作用集为

$$I_C(\boldsymbol{w}^*, b^*, \boldsymbol{\xi}^*) = \{s+1, \cdots, m\} \subset I(\boldsymbol{w}^*, b^*, \boldsymbol{\xi}^*)。$$

以上讨论已包括了所有 $2m$ 个约束条件，结合 I_A, I_B, I_C，于是得到起作用约束集为

$$I(\boldsymbol{w}^*, b^*, \boldsymbol{\xi}^*) = A \cup (m+A) \cup (m+B) \cup C。$$

至于问题(4.2)，因为 $C = \varnothing$，且不存在 $g_{m+i} \leqslant 0 (i = 1, 2, \cdots, m)$ 约束，由式(4.3)直接得到

$$I(\boldsymbol{w}^*, b^*) = A。$$

证毕

至此，我们讨论了起作用约束的下标集合 $I(\boldsymbol{w}^*, b^*, \boldsymbol{\xi}^*)$，为简单起见，以下用 I 表示，不再说明。以下的定理 4.1.2 揭示了支持向量分类机问题解的二阶充分条件，也是为随后扰动分析定理做准备。

定理 4.1.2 设$(\boldsymbol{w}^*, b^*, \boldsymbol{\xi}^*)$为问题(4.1)的最优解，对应的乘子为 $\alpha_1^*, \alpha_2^*, \cdots, \alpha_{2m}^*$，若存在 $i \in A$，使 $0 < \alpha_i^* < C_i$，则$(\boldsymbol{w}^*, b^*, \boldsymbol{\xi}^*)$满足二阶充分条件。也就是说存在$\boldsymbol{\alpha}^* = (\alpha_1^*, \alpha_2^*, \cdots, \alpha_{2m}^*)^{\mathrm{T}} \geqslant \boldsymbol{0}$，使得

$$\boldsymbol{w}^* - \sum_{i=1}^{m} \alpha_i^* y_i \boldsymbol{x}_i = \boldsymbol{0}, \tag{4.12}$$

$$\sum_{i=1}^{m} \alpha_i^* y_i = 0, \tag{4.13}$$

$$C_i - \alpha_i^* - \alpha_{m+i}^* = 0, \quad i = 1,2,\cdots,m, \tag{4.14}$$

$$\alpha_i^* [- y_i(\boldsymbol{w}^* \cdot \boldsymbol{x}_i + b^*) - \xi_i^* + 1] = 0, \quad i = 1,2,\cdots,m, \tag{4.15}$$

$$\alpha_{m+i}^* (-\xi_i^*) = 0, \quad i = 1,2,\cdots,m, \tag{4.16}$$

且对于

$$L(\boldsymbol{w},b,\boldsymbol{\xi}) = f(\boldsymbol{w},b,\boldsymbol{\xi}) + \sum_{i=1}^{2m} \alpha_i^* g_i(\boldsymbol{w},b,\boldsymbol{\xi}) \tag{4.17}$$

以及

$$Z = \{\boldsymbol{z} \in \mathbb{R}^{n+1+m} \mid \boldsymbol{z}^{\mathrm{T}} \nabla g_i(\boldsymbol{w}^*, b^*, \boldsymbol{\xi}^*) \leqslant 0, i \in I;\ \boldsymbol{z}^{\mathrm{T}} \nabla g_i(\boldsymbol{w}^*, b^*, \boldsymbol{\xi}^*) = 0, i \in I_+\}, \tag{4.18}$$

其中 $I_+ = \{i \in I \mid \alpha_i^* > 0\}$。

对于任意的 $\boldsymbol{z} \in Z, \boldsymbol{z} \neq \boldsymbol{0}$，有

$$\boldsymbol{z}^{\mathrm{T}} \nabla^2 L(\boldsymbol{w}^*, b^*, \boldsymbol{\xi}^*) \boldsymbol{z} > 0。 \tag{4.19}$$

证明 因为$(\boldsymbol{w}^*, b^*, \boldsymbol{\xi}^*)$为问题(4.1)的最优解，对应的乘子为 $\alpha_1^*, \alpha_2^*, \cdots, \alpha_{2m}^*$，问题(4.1)为凸二次规划，所以$(\boldsymbol{w}^*, b^*, \boldsymbol{\xi}^*)$为问题(4.1)的 KKT 点，即$\boldsymbol{\alpha}^* = (\alpha_1^*, \alpha_2^*, \cdots, \alpha_{2m}^*)^{\mathrm{T}} \geqslant 0$，使 KKT 条件成立。由 $L(\boldsymbol{w},b,\boldsymbol{\xi})$的表达式(4.17)可以得到

$$\nabla^2 L(\boldsymbol{w}^*, b^*, \boldsymbol{\xi}^*) = \nabla^2 f(\boldsymbol{w}^*, b^*, \boldsymbol{\xi}^*) + \sum_{i=1}^{2m} \alpha_i^* \nabla^2 g_i(\boldsymbol{w}^*, b^*, \boldsymbol{\xi}^*)。 \tag{4.20}$$

把目标函数、约束函数代入式(4.20)整理得到

$$\nabla^2 L(\boldsymbol{w}^*, b^*, \boldsymbol{\xi}^*) = \begin{pmatrix} 1 & \cdots & 0 & 0 & \cdots & 0 \\ \vdots & \ddots & \vdots & \vdots & & \vdots \\ 0 & \cdots & 1 & 0 & \cdots & 0 \\ 0 & \cdots & 0 & 0 & \cdots & 0 \\ \vdots & & & \vdots & & \vdots \\ 0 & \cdots & 0 & 0 & \cdots & 0 \end{pmatrix}_{(n+1+m)\times(n+1+m)},$$

(左上角为 n 阶单位矩阵，其他位置全为零)，对任意的 $\boldsymbol{z} = (z_1, z_2, \cdots, z_{n+1}, z_{n+2}, \cdots, z_{n+1+m})^{\mathrm{T}}$，都有

$$\boldsymbol{z}^{\mathrm{T}} \nabla^2 L(\boldsymbol{w}^*, b^*, \boldsymbol{\xi}^*) \boldsymbol{z} = z_1^2 + z_2^2 + \cdots + z_n^2, \tag{4.21}$$

可见，只要 $z_1, z_2, \cdots, z_n$ 不全为零，就有 $\boldsymbol{z}^{\mathrm{T}} \nabla^2 L(\boldsymbol{w}^*, b^*, \boldsymbol{\xi}^*) \boldsymbol{z} > 0$。

下面用反证法证明对任意的 $\boldsymbol{z} \in Z, \boldsymbol{z} \neq \boldsymbol{0}$，若 $z_1, z_2, \cdots, z_n$ 全为零，则 $z_{n+1} = z_{n+2} = \cdots = z_{n+1+m} = 0$，与 $\boldsymbol{z} \neq \boldsymbol{0}$ 矛盾。

我们先考虑集合 Z 的构造，设 $\boldsymbol{e}_i=(0,\cdots,0,1,0,\cdots,0)^{\mathrm{T}}$ 表示$\mathbb{R}^m$ 中的第 i 个标准单位向量，$\boldsymbol{x}_i=([x_i]_1,[x_i]_2,\cdots,[x_i]_n)^{\mathrm{T}}$，其中$[x_i]_1$ 表示第 i 个样本的第1个分量，$[x_i]_2$ 表示第 i 个样本的第2个分量，以此类推，……由引理4.1.1知式(4.3)得到所有起作用约束对应的梯度为

$$\nabla g_i(\boldsymbol{w},b,\boldsymbol{\xi})=(-y_i\boldsymbol{x}_i^{\mathrm{T}},-y_i,-\boldsymbol{e}_i^{\mathrm{T}})^{\mathrm{T}},\quad i=1,2,\cdots,t,s+1,\cdots,m,\tag{4.22}$$

$$\nabla g_{m+i}(\boldsymbol{w},b,\boldsymbol{\xi})=(\boldsymbol{0},0,-\boldsymbol{e}_i^{\mathrm{T}})^{\mathrm{T}},\quad i=1,2,\cdots,s。\tag{4.23}$$

对于 $i\in A$，在 $z_1,z_2,\cdots,z_n$ 全为零的假设下，满足

$$\boldsymbol{z}^{\mathrm{T}}\nabla g_i=(z_1,z_2,\cdots,z_n,z_{n+1},\cdots,z_{n+1+m})\begin{pmatrix}-y_i\boldsymbol{x}_i\\-y_i\\-\boldsymbol{e}_i\end{pmatrix}=-z_{n+1}y_i+z_{n+1+i}(-1)\leqslant 0,\tag{4.24}$$

及

$$\boldsymbol{z}^{\mathrm{T}}\nabla g_{m+i}=(z_1,\cdots,z_n,z_{n+1},\cdots,z_{n+1+m})\begin{pmatrix}\boldsymbol{0}\\0\\-\boldsymbol{e}_i\end{pmatrix}=z_{n+1+i}(-1)\leqslant 0。\tag{4.25}$$

由假设知存在 $i_0\in A$，有 $0<\alpha_{i_0}^*<C_{i_0}$，由式(4.14)，有 $\alpha_{m+i_0}^*=C_{i_0}-\alpha_{i_0}^*>0$，因而有 $i_0\in I_+$ 和 $m+i_0\in I_+$，对此 i_0，式(4.24)、式(4.25)都应取等号，由此得到 $z_{n+1+i_0}=0$，以及

$$z_{n+1}=0。\tag{4.26}$$

不妨设对于 $i=1,2,\cdots,t_1\leqslant t$，有 $\alpha_i^*>0$，即 $\boldsymbol{x}_i$ 为支持向量，由假设知，有 $t_1\geqslant 1$，因$\{1,2,\cdots,t_1\}\subset I_+$，对任意的 $i\in\{1,2,\cdots,t_1\}$，式(4.24)以等号成立，结合式(4.26)，得出 $z_{n+1+i}=0(i=1,2,\cdots,t_1)$，对于 $i=t_1+1,\cdots,t$ 有 $\alpha_i^*=0$，由式(4.14)得到 $\alpha_{i+m}^*=C_i,\forall i\in I_+$，式(4.25)取等号，由此得到 $z_{n+1+i}=0$，此时可以得到 $z_{n+1+i}=0(i=t_1+1,\cdots,t)$。这样便得到了

$$z_{n+1+1}=z_{n+1+2}=\cdots=z_{n+1+t}。\tag{4.27}$$

对于 $i\in B,i=t+1,t+2,\cdots,s,\alpha_i^*=0,\xi_i^*=0,\alpha_{i+m}^*=C_i>0$，知 $m+i\in I_+$，$\forall i\in I_+$，都有

$$\boldsymbol{z}^{\mathrm{T}}\nabla g_{m+i}=(z_1,\cdots,z_n,z_{n+1},\cdots,z_{n+1+m})\begin{pmatrix}\boldsymbol{0}\\0\\-\boldsymbol{e}_i\end{pmatrix}=z_{n+1+i}(-1)=0,$$

此时可以得到 $z_{n+1+i}=0$，这样便得到了

$$z_{n+1+t+1}=z_{n+1+t+2}=\cdots=z_{n+1+s},\tag{4.28}$$

对于 $i\in C,i=s+1,s+2,\cdots,m,\xi_i^*>0,\alpha_{i+m}^*=0,\alpha_i^*=C_i-\alpha_{m+i}^*=C_i>0$，通过

KT 条件可以得出：

$$\boldsymbol{z}^{\mathrm{T}}\nabla g_i=(z_1,z_2,\cdots,z_n,z_{n+1},\cdots,z_{n+1+m})\begin{pmatrix}-y_i\boldsymbol{x}_i\\-y_i\\-\boldsymbol{e}_i\end{pmatrix}=-z_{n+1}y_i+z_{n+1+i}(-1)=0。$$

由式(4.26)知 $z_{n+1}=0$，此时可以得到 $z_{n+1+i}=0$。这样便得到了

$$z_{n+1+s+1}=z_{n+1+s+2}=\cdots=z_{n+1+m}。\tag{4.29}$$

综合式(4.26)～式(4.29)，我们可以得到若 $\boldsymbol{z}\in Z$，$z_1=z_2=\cdots=z_n=0$，则 $z_{n+1}=z_{n+2}=\cdots=z_{n+1+m}=0$，与 $\boldsymbol{z}\neq\boldsymbol{0}$ 矛盾。而当 $\boldsymbol{z}\neq\boldsymbol{0}$，必有 $z_1,z_2,\cdots,z_n$ 不全为零，有 $\boldsymbol{z}^{\mathrm{T}}\nabla^2L(\boldsymbol{w}^*,b^*,\boldsymbol{\xi}^*)\boldsymbol{z}=z_1^2+z_2^2+\cdots+z_n^2>0$，即$(\boldsymbol{w}^*,b^*,\boldsymbol{\xi}^*)$满足二阶充分条件。

证毕

定理 4.1.2 显示，对于一般的加权线性支持向量分类机问题(4.1)的最优解，只要作很弱的假设，即存在一个属于 A 类的支持向量，使其对应的乘子 $\alpha_i^*<C_i$，就一定满足二阶充分条件。这一重要性质对于作为其特例的线性可分问题，成为当然成立的事实。见如下推论。

推论 4.1.3 设$(\boldsymbol{w}^*,b^*)$为线性可分问题(4.2)的最优解，则$(\boldsymbol{w}^*,b^*)$满足二阶充分条件。

证明 对应于定理 4.1.2 的证明，此时有 $\nabla_2L(\boldsymbol{w}^*,b^*)=\nabla^2f(\boldsymbol{w}^*,b^*)+\sum_{i=1}^{m}\alpha_i^*\nabla^2g_i(\boldsymbol{w}^*,b^*)$，整理得到

$$\nabla^2L(\boldsymbol{w}^*,b^*)=\begin{pmatrix}1&0&\cdots&0&0\\0&1&\cdots&0&0\\\vdots&\vdots&\ddots&\vdots&\vdots\\0&0&\cdots&1&0\\0&0&0&0&0\end{pmatrix}_{(n+1)\times(n+1)}=\begin{pmatrix}\boldsymbol{I}_n&\boldsymbol{0}\\\boldsymbol{0}^{\mathrm{T}}&0\end{pmatrix},\tag{4.30}$$

其中 $\boldsymbol{I}_n$ 表示 n 阶单位矩阵。约束函数的梯度为

$$\nabla g_i(\boldsymbol{w},b)=\begin{pmatrix}-y_i\boldsymbol{x}_i\\-y_i\end{pmatrix},\quad i=1,2,\cdots,m。\tag{4.31}$$

由引理 4.1.1 知，此时的起作用约束集 $I=A$，而且一定存在支持向量，即 $I_+\neq\varnothing$。设 $i_0\in I_+$，在 $z_1,z_2,\cdots,z_n$ 全为零的假设下，有

$$\boldsymbol{z}^{\mathrm{T}}\nabla g_i=(z_1,z_2,\cdots,z_{n+1})\begin{pmatrix}-y_i\boldsymbol{x}_i\\-y_i\end{pmatrix}=-z_{n+1}y_i=0,\tag{4.32}$$

从而得到

$$z_{n+1}=0。\tag{4.33}$$

可见，若 $z_1, z_2, \cdots, z_n$ 全为零，则必有 $\boldsymbol{z}=\boldsymbol{0}$。当 $\boldsymbol{z}\in Z, \boldsymbol{z}\neq\boldsymbol{0}$，必有 $z_1, z_2, \cdots, z_n$ 不全为零，即有 $\boldsymbol{z}^{\mathrm{T}}\nabla^2 L(\boldsymbol{w}^*, b^*)\boldsymbol{z}=z_1^2+z_2^2+\cdots+z_n^2>0$，则 $(\boldsymbol{w}^*, b^*)$ 满足二阶充分条件。

证毕

因为模型(4.1)中都含有参数 C，我们就把这样的支持向量机模型叫 C-支持向量分类机。

4.2 加权线性支持向量分类机数据扰动分析基本定理

问题(4.1)的最优解依赖于训练数据，训练数据多是来自测定值，只是真值的某种近似，在此假设 $\boldsymbol{p}$ 是一组数据参数，$\boldsymbol{p}_0$ 是参数 $\boldsymbol{p}$ 的一个取值，对应于分类问题的训练数据，这样我们便有了一个含有参数 $\boldsymbol{p}$ 的线性支持向量分类机问题(4.1)，也就是说，我们将关心其误差或变化的数据(某个点，某一维，某点的某一维，或全部数据，等等)二重化，一方面是构成问题(4.1)的数据，另一方面是变量 $\boldsymbol{p}$，其中 $\boldsymbol{p}=\boldsymbol{p}_0$ 为当前数据。

引用非线性规划的灵敏度分析定理2.5.5建立线性支持向量分类机数据扰动分析方法。非线性规划的灵敏度分析定理基于四条基本假设：可微性，二阶充分条件，严格互补性、线性无关性。由于线性支持向量分类机原始问题是凸二次规划，可微性自然满足；从而本章着力研究线性支持向量分类机的二阶充分条件假设、严格互补假设、起作用约束梯度线性无关假设，给出了理论结果；在这三条基本假设前提下，建立了数据扰动分析理论。下面给出含参数的加权线性支持向量分类机问题(4.1)的基本定理4.2.1。

定理 4.2.1 设 $\boldsymbol{z}^*=(\boldsymbol{w}^*, b^*, \boldsymbol{\xi}^*)$ 为问题(4.1)在 $\boldsymbol{p}=\boldsymbol{p}_0$ 的最优解，对应的拉格朗日乘子为 $\boldsymbol{\alpha}^*=(\alpha_1^*, \alpha_2^*, \cdots, \alpha_{2m}^*)^{\mathrm{T}}\geqslant\boldsymbol{0}$，假设

(1) A类的输入 $\boldsymbol{x}_1, \boldsymbol{x}_2, \cdots, \boldsymbol{x}_t$ 全为支持向量，且对应的乘子 $\alpha_i<C_i(i=1, \cdots, t)$。

(2) 向量组 $\begin{pmatrix} y_1\boldsymbol{x}_1 \\ y_1 \end{pmatrix}, \begin{pmatrix} y_2\boldsymbol{x}_2 \\ y_2 \end{pmatrix}, \cdots, \begin{pmatrix} y_t\boldsymbol{x}_t \\ y_t \end{pmatrix}$ 线性无关。

则有下面结论：

(1) $(\boldsymbol{w}^*, b^*, \boldsymbol{\xi}^*)$ 为问题(4.1)在 $\boldsymbol{p}=\boldsymbol{p}_0$ 处的孤立最优解，并且对应的拉格朗日乘子 $\boldsymbol{\alpha}^*=(\alpha_1^*, \alpha_2^*, \cdots, \alpha_{2m}^*)^{\mathrm{T}}\geqslant\boldsymbol{0}$ 是唯一的。

(2) 存在 $\boldsymbol{p}_0$ 的邻域 $N(\boldsymbol{p}_0)$，在 $N(\boldsymbol{p}_0)$ 上存在唯一连续可微函数 $\boldsymbol{y}(\boldsymbol{p})=(\boldsymbol{w}(\boldsymbol{p}), b(\boldsymbol{p}), \boldsymbol{\xi}(\boldsymbol{p}), \boldsymbol{\alpha}(\boldsymbol{p}))$，使得：① $\boldsymbol{y}(\boldsymbol{p}_0)=(\boldsymbol{w}^*, b^*, \boldsymbol{\xi}^*, \boldsymbol{\alpha}^*)=(\boldsymbol{z}^*, \boldsymbol{\alpha}^*)$；② 对任意的 $\boldsymbol{p}\in N(\boldsymbol{p}_0)$，对应于 $\boldsymbol{p}$ 的问题(4.1)，$\boldsymbol{z}(\boldsymbol{p})=(\boldsymbol{w}(\boldsymbol{p}), b(\boldsymbol{p}), \boldsymbol{\xi}(\boldsymbol{p}))$ 为可行解；③ A，B，C三类点集合不变，从而起作用集保持不变；即

$$A(z(\boldsymbol{p}),\boldsymbol{p}) \equiv A(z^*,\boldsymbol{p}_0),$$
$$B(z(\boldsymbol{p}),\boldsymbol{p}) \equiv B(z^*,\boldsymbol{p}_0),$$
$$C(z(\boldsymbol{p}),\boldsymbol{p}) \equiv C(z^*,\boldsymbol{p}_0),$$
$$I(z(\boldsymbol{p}),\boldsymbol{p}) \equiv I(z^*,\boldsymbol{p}_0);$$

④支持向量集不变,即对于 $\xi_i(\boldsymbol{p})>0$ 所对应的 $\alpha_i(\boldsymbol{p})=C_i$ 支持向量以及 $\xi_i(\boldsymbol{p})=0$ 的点所对应的 $\alpha_i(\boldsymbol{p})<C_i$ 保持不变;⑤线性无关性保持成立;⑥$\boldsymbol{z}(\boldsymbol{p})$满足二阶充分条件,相应的乘子为$\boldsymbol{\alpha}(\boldsymbol{p})$;⑦因而 $\boldsymbol{z}(\boldsymbol{p})$为问题(4.1)的孤立最优解,$\boldsymbol{\alpha}(\boldsymbol{p})$为相应的唯一乘子。⑧$\boldsymbol{y}(\boldsymbol{p})=(\boldsymbol{w}(\boldsymbol{p}),b(\boldsymbol{p}),\boldsymbol{\xi}(\boldsymbol{p}),\boldsymbol{\alpha}(\boldsymbol{p}))$的偏导数满足

$$\boldsymbol{M}(\boldsymbol{p})\begin{pmatrix}\left(\dfrac{\partial \boldsymbol{w}}{\partial \boldsymbol{p}}\right)^{\mathrm{T}}\\ \left(\dfrac{\partial b}{\partial \boldsymbol{p}}\right)^{\mathrm{T}}\\ \left(\dfrac{\partial \boldsymbol{\xi}}{\partial \boldsymbol{p}}\right)^{\mathrm{T}}\\ \left(\dfrac{\partial \boldsymbol{\alpha}}{\partial \boldsymbol{p}}\right)^{\mathrm{T}}\end{pmatrix}=\boldsymbol{M}_1(\boldsymbol{p}), \tag{4.34}$$

其中

$$\boldsymbol{M}(\boldsymbol{p})=\begin{pmatrix}\nabla^2 L & \nabla g_1(\boldsymbol{w},b,\boldsymbol{\xi},\boldsymbol{p}) & \cdots & \nabla g_{2m}(\boldsymbol{w},b,\boldsymbol{\xi},\boldsymbol{p})\\ \alpha_1\nabla g_1(\boldsymbol{w},b,\boldsymbol{\xi},\boldsymbol{p})^{\mathrm{T}} & g_1(\boldsymbol{w},b,\boldsymbol{\xi},\boldsymbol{p}) & \cdots & 0\\ \vdots & & \ddots & \vdots\\ \alpha_{2m}\nabla g_{2m}(\boldsymbol{w},b,\boldsymbol{\xi},\boldsymbol{p})^{\mathrm{T}} & 0 & \cdots & g_{2m}(\boldsymbol{w},b,\boldsymbol{\xi},\boldsymbol{p})\end{pmatrix}, \tag{4.35}$$

$$\boldsymbol{M}_1(\boldsymbol{p})=-\left[\frac{\partial(\nabla_x L)}{\partial \boldsymbol{p}},\alpha_1\nabla_{\boldsymbol{p}}g_1,\cdots,\alpha_{2m}\nabla_{\boldsymbol{p}}g_{2m}\right]^{\mathrm{T}}, \tag{4.36}$$

$$\nabla g_i(\boldsymbol{w},b,\boldsymbol{\xi})=(-y_i\boldsymbol{x}_i^{\mathrm{T}},-y_i,-\boldsymbol{e}_i^{\mathrm{T}})^{\mathrm{T}},\quad i=1,2,\cdots,m,$$

$$\nabla g_{m+i}(\boldsymbol{w},b,\boldsymbol{\xi})=(\boldsymbol{0},0,-\boldsymbol{e}_i^{\mathrm{T}})^{\mathrm{T}},\quad i=1,2,\cdots,m。$$

式(4.35)、式(4.36)中的矩阵。在本节由式(4.40)及式(4.41)给出

$$\boldsymbol{M}(\boldsymbol{p}_0)\begin{pmatrix}\left(\dfrac{\partial \boldsymbol{w}}{\partial \boldsymbol{p}}\right)^{\mathrm{T}}\\ \left(\dfrac{\partial b}{\partial \boldsymbol{p}}\right)^{\mathrm{T}}\\ \left(\dfrac{\partial \boldsymbol{\xi}}{\partial \boldsymbol{p}}\right)^{\mathrm{T}}\\ \left(\dfrac{\partial \boldsymbol{\alpha}}{\partial \boldsymbol{p}}\right)^{\mathrm{T}}\end{pmatrix}_{\boldsymbol{p}=\boldsymbol{p}_0}=\boldsymbol{M}_1(\boldsymbol{p}_0)。 \tag{4.37}$$

证明 由定理条件 $\boldsymbol{x}_1,\boldsymbol{x}_2,\cdots,\boldsymbol{x}_t$ 为A类的输入，且存在乘子 $\alpha_i<C_i(i=1,2,\cdots,t)$，定理4.1.2保证了$(\boldsymbol{w}^*,b^*,\boldsymbol{\xi}^*)$满足二阶充分条件。

现在证明满足严格互补条件。注意 $I(\boldsymbol{w}^*,b^*,\boldsymbol{\xi}^*)=A\cup(m+A)\cup(m+B)\cup C$。由假设 $\boldsymbol{x}_1,\boldsymbol{x}_2,\cdots,\boldsymbol{x}_t$ 全为支持向量，则对应的乘子 $\alpha_i^*>0(\forall i\in A)$，由假设乘子 $\alpha_i^*<C_i(i=1,2,\cdots,t)$，则有乘子 $\alpha_{m+i}^*=C_i-\alpha_i^*>0(\forall m+i\in m+A)$。当 $i\in B$ 时，B 类的样本点对应的乘子 $\alpha_i^*=0$，从而 $\alpha_{i+m}^*=C_i(\forall m+i\in m+B)$。当 $i\in C$ 时，因为 $\xi_i^*>0$，$\alpha_{i+m}^*=0$，所以 C 类的样本点对应的乘子 $\alpha_i^*=C_i(\forall i\in C)$，严格互补条件成立得证。

为了证明梯度组$\{\nabla g_i,i\in I(\boldsymbol{w}^*,b^*,\boldsymbol{\xi}^*)\}$线性无关。考查所有起作用约束梯度组的线性组合。假设存在系数$\{c_i\mid i\in I\}$使它们的线性组合为$\boldsymbol{0}$，即

$$c_1\begin{pmatrix}-y_1\boldsymbol{x}_1\\-y_1\\-\boldsymbol{e}_1\end{pmatrix}+c_{m+1}\begin{pmatrix}\boldsymbol{0}\\0\\-\boldsymbol{e}_1\end{pmatrix}+\cdots+c_t\begin{pmatrix}-y_t\boldsymbol{x}_t\\-y_t\\-\boldsymbol{e}_t\end{pmatrix}+c_{m+t}\begin{pmatrix}\boldsymbol{0}\\0\\-\boldsymbol{e}_t\end{pmatrix}+$$

$$c_{m+t+1}\begin{pmatrix}\boldsymbol{0}\\0\\-\boldsymbol{e}_{t+1}\end{pmatrix}+\cdots+c_{m+s}\begin{pmatrix}\boldsymbol{0}\\0\\-\boldsymbol{e}_{t+s}\end{pmatrix}+c_{s+1}\begin{pmatrix}-y_{s+1}\boldsymbol{x}_{s+1}\\-y_{s+1}\\-\boldsymbol{e}_{s+1}\end{pmatrix}+\cdots+c_m\begin{pmatrix}-y_m\boldsymbol{x}_m\\-y_m\\-\boldsymbol{e}_m\end{pmatrix}=\boldsymbol{0}。\tag{4.38}$$

首先可以得到

$$c_{m+t+1}=\cdots=c_{m+s}=c_{s+1}=\cdots=c_m=0,$$

于是式(4.38)简约为

$$c_1\begin{pmatrix}-y_1\boldsymbol{x}_1\\-y_1\\-\boldsymbol{e}_1\end{pmatrix}+c_{m+1}\begin{pmatrix}\boldsymbol{0}\\0\\-\boldsymbol{e}_1\end{pmatrix}+\cdots+c_t\begin{pmatrix}-y_t\boldsymbol{x}_t\\-y_t\\-\boldsymbol{e}_t\end{pmatrix}+c_{m+t}\begin{pmatrix}\boldsymbol{0}\\0\\-\boldsymbol{e}_t\end{pmatrix}=\boldsymbol{0}。\tag{4.39}$$

由(4.39)得到

$$c_1\begin{pmatrix}y_1\boldsymbol{x}_1\\y_1\end{pmatrix}+c_2\begin{pmatrix}y_2\boldsymbol{x}_2\\y_2\end{pmatrix}+\cdots+c_t\begin{pmatrix}y_t\boldsymbol{x}_t\\y_t\end{pmatrix}=\boldsymbol{0},$$

$$c_i=-c_{m+i},\quad i=1,2,\cdots,t。$$

又由于$\begin{pmatrix}y_1\boldsymbol{x}_1\\y_1\end{pmatrix},\begin{pmatrix}y_2\boldsymbol{x}_2\\y_2\end{pmatrix},\cdots,\begin{pmatrix}y_t\boldsymbol{x}_t\\y_t\end{pmatrix}$线性无关，则得 $c_1=c_2=\cdots=c_t=0$，$c_{m+1}=c_{m+2}=\cdots=c_{m+t}=0$，根据线性无关的定义，可以得到所有起作用的约束梯度组线性无关。

综合上述证明，定理2.5.5的假设条件全部满足，因而有该定理的结论(1)、结论(2)成立。对应于本定理，结论(1)直接得证。关于结论(2)中的结论①②直接得到，由起作用集不变，得到此处的 A,B,C 和 I 均保持不变，此即③，进一步由严格

互补保持成立，得到支持向量集保持不变，此即④，至于线性无关性的⑤和二阶充分条件的⑥都直接得到。而⑦则是④⑤⑥的直接推论。

证毕

推论 4.2.2 设$(\boldsymbol{w}^*,b^*)$为问题(4.2)在 $\boldsymbol{p}=\boldsymbol{p}_0$ 处的最优解，对应的拉格朗日乘子为$\boldsymbol{\alpha}^*=(\alpha_1^*,\alpha_2^*,\cdots,\alpha_m^*)^{\mathrm{T}}$，假设：

(1) A 类的输入 $\boldsymbol{x}_1,\boldsymbol{x}_2,\cdots,\boldsymbol{x}_t$ 全为支持向量。

(2) 向量组$\begin{pmatrix} y_1\boldsymbol{x}_1 \\ y_1 \end{pmatrix},\begin{pmatrix} y_2\boldsymbol{x}_2 \\ y_2 \end{pmatrix},\cdots,\begin{pmatrix} y_t\boldsymbol{x}_t \\ y_t \end{pmatrix}$线性无关。

则有下面结论：

(1) $(\boldsymbol{w}^*,b^*)$为问题(4.1)的 $\boldsymbol{p}=\boldsymbol{p}_0$ 孤立最优解，并且对应的拉格朗日乘子 $\boldsymbol{\alpha}^*=(\alpha_1^*,\alpha_2^*,\cdots,\alpha_m^*)^{\mathrm{T}}$ 是唯一的。

(2) 存在 $\boldsymbol{p}_0$ 的邻域 $N(\boldsymbol{p}_0)$，在 $N(\boldsymbol{p}_0)$上存在唯一连续可微函数 $\boldsymbol{y}(\boldsymbol{p})=(\boldsymbol{w}(\boldsymbol{p})^{\mathrm{T}},b(\boldsymbol{p}),\boldsymbol{\alpha}(\boldsymbol{p})^{\mathrm{T}})^{\mathrm{T}}$，使得：①$\boldsymbol{y}(\boldsymbol{p}_0)=(\boldsymbol{w}^{*\mathrm{T}},b^*,\boldsymbol{\xi}^{*\mathrm{T}})^{\mathrm{T}}$；②对任意的 $\boldsymbol{p}\in N(\boldsymbol{p}_0)$，对于对应于 $\boldsymbol{p}$ 的问题(4.2)，$\boldsymbol{z}(\boldsymbol{p})=(\boldsymbol{w}(\boldsymbol{p})^{\mathrm{T}},b(\boldsymbol{p}))^{\mathrm{T}}$ 为可行解；③A，B 两类点集合不变，并且起作用集保持不变，即

$$I(\boldsymbol{z}(\boldsymbol{p}),\boldsymbol{p})\equiv I(\boldsymbol{z}^*,\boldsymbol{p}_0);$$

④线性无关性保持成立；⑤支持向量集不变；⑥$\boldsymbol{z}(\boldsymbol{p})$满足二阶充分条件，相应乘子为$\boldsymbol{\alpha}(\boldsymbol{p})$；⑦$\boldsymbol{z}(\boldsymbol{p})$为问题(4.2)的局部最优解，$\boldsymbol{\alpha}(\boldsymbol{p})$为相应的唯一乘子；⑧$\boldsymbol{y}(\boldsymbol{p})=(\boldsymbol{w}(\boldsymbol{p}),b(\boldsymbol{p}),\boldsymbol{\alpha}(\boldsymbol{p}))$的偏导数满足

$$\boldsymbol{M}(\boldsymbol{p})\begin{pmatrix} \left(\dfrac{\partial \boldsymbol{w}}{\partial \boldsymbol{p}}\right)^{\mathrm{T}} \\ \left(\dfrac{\partial b}{\partial \boldsymbol{p}}\right)^{\mathrm{T}} \\ \left(\dfrac{\partial \boldsymbol{\alpha}}{\partial \boldsymbol{p}}\right)^{\mathrm{T}} \end{pmatrix}=\boldsymbol{M}_1(\boldsymbol{p}), \tag{4.40}$$

其中式(4.40)中的矩阵为

$$\boldsymbol{M}(\boldsymbol{p})=\begin{pmatrix} \boldsymbol{I}_n & \boldsymbol{0} & -y_1\boldsymbol{x}_1 & \cdots & -y_m\boldsymbol{x}_m \\ \boldsymbol{0}^{\mathrm{T}} & 0 & -y_1 & \cdots & -y_m \\ -\alpha_1 y_1\boldsymbol{x}_1^{\mathrm{T}} & -\alpha_1 y_1 & -y_1(\boldsymbol{w}\cdot\boldsymbol{x}_1+b)+1 & \cdots & 0 \\ \vdots & \vdots & \vdots & \ddots & \vdots \\ -\alpha_m y_m\boldsymbol{x}_m^{\mathrm{T}} & -\alpha_m y_m & 0 & \cdots & -y_m(\boldsymbol{w}\cdot\boldsymbol{x}_m+b)+1 \end{pmatrix}_{n+1+m} \tag{4.41}$$

其中矩阵$\boldsymbol{0}=(0\quad 0\quad \cdots\quad 0\quad 0)_n^{\mathrm{T}}$，$\boldsymbol{I}_n$ 为 n 阶单位方阵。

$$\boldsymbol{M}_1(\boldsymbol{p})=-\left(\frac{\partial(\nabla_z L)}{\partial \boldsymbol{p}},\alpha_1\nabla_{\boldsymbol{p}}g_1,\cdots,\alpha_m\nabla_{\boldsymbol{p}}g_m\right)^{\mathrm{T}}。 \tag{4.42}$$

证明 推论 4.1.3 保证了($\boldsymbol{w}^*,b^*$)满足二阶充分条件，A 类的输入 $\boldsymbol{x}_1,\boldsymbol{x}_2,\cdots,\boldsymbol{x}_t$ 全为支持向量，由此得出不存在非支持向量 $\boldsymbol{x}_i$，使 $y_i(\boldsymbol{w}\cdot\boldsymbol{x}_i+b)=1$，即分类超平面上不存在非支持向量，起作用约束对应的都是支持向量，由支持向量的定义可推得($\boldsymbol{w}^*,b^*$)满足严格互补条件，起作用约束的梯度组为 $\begin{pmatrix}y_1\boldsymbol{x}_1\\y_1\end{pmatrix},\begin{pmatrix}y_2\boldsymbol{x}_2\\y_2\end{pmatrix},\cdots,\begin{pmatrix}y_t\boldsymbol{x}_t\\y_t\end{pmatrix}$，由假设知该向量组 $\begin{pmatrix}y_1\boldsymbol{x}_1\\y_1\end{pmatrix},\begin{pmatrix}y_2\boldsymbol{x}_2\\y_2\end{pmatrix},\cdots,\begin{pmatrix}y_t\boldsymbol{x}_t\\y_t\end{pmatrix}$ 线性无关，即起作用约束的梯度组线性无关，由定理 4.2.1，得到结论。

证毕

定理 4.2.1 说明，模型问题(4.1)的最优解($\boldsymbol{w}^*,b^*,\boldsymbol{\xi}^*$)，最优乘子 $\boldsymbol{\alpha}^*=(\alpha_1^*,\alpha_2^*,\cdots,\alpha_{2m}^*)^{\mathrm{T}}$，如果假设条件成立，则($\boldsymbol{w}^*,b^*,\boldsymbol{\xi}^*$)为孤立最优解，当数据参数变化很小时，仍有孤立最优解及相应的最优乘子存在；当数据参数趋向于原问题(4.1)的训练数据时，解和乘子，以及最优值，连续地趋向于问题(4.1)的解和乘子，即 $\boldsymbol{w}^*,b^*,\boldsymbol{\xi}^*,\boldsymbol{\alpha}^*$；同时，在训练数据输入微小变动后的这一最优解点上，A,B,C 三类点不变，起作用集同原来的一致，线性无关关系和二阶充分条件以及 A 类点全为支持向量，B 类点对应乘子 $\alpha_i^*=0$ 和 C 类点对应乘子 $\alpha_i^*=C_i$ 均保持成立。这样一来，只要满足定理 4.2.1 的假设条件，我们开始提出的定性方面的问题已完全解决，并且解和乘子对数据参数 $\boldsymbol{p}$ 的偏导数可以求得，也为定量方面问题的讨论打下了基础；此外，在定理 4.2.1 的假设下，而且可以得到解和乘子的误差同数据误差的关系，叙述成下面的推论。

推论 4.2.3 在定理 4.2.1 假设下，有

$$\begin{pmatrix}\boldsymbol{w}(\boldsymbol{p})\\b(\boldsymbol{p})\\\boldsymbol{\xi}(\boldsymbol{p})\\\boldsymbol{\alpha}(\boldsymbol{p})\end{pmatrix}=\begin{pmatrix}\boldsymbol{w}^*\\b^*\\\boldsymbol{\xi}^*\\\boldsymbol{\alpha}^*\end{pmatrix}+\boldsymbol{M}^{*-1}\boldsymbol{M}_1^*(\boldsymbol{p}-\boldsymbol{p}_0)+o(\|\boldsymbol{p}-\boldsymbol{p}_0\|)。\tag{4.43}$$

对于灵敏度分析，式(4.43)给出了 $\boldsymbol{w}(\boldsymbol{p}),b(\boldsymbol{p}),\boldsymbol{\xi}(\boldsymbol{p}),\boldsymbol{\alpha}(\boldsymbol{p})$ 的一阶近似定量结果。公式中所用的矩阵由问题(4.1)完全确定。由定理 4.2.1 和推论 4.2.3 可以知道：当数据变化不大时，不仅最优解以及乘子连续地趋向问题(4.1)的解和乘子，而且给出解和乘子的误差同数据误差的关系。

问题(4.1)目标函数值是数据 $\boldsymbol{p}$ 的函数，在此记作

$$\phi(\boldsymbol{p})=f(\boldsymbol{z}(\boldsymbol{p}),\boldsymbol{p})。\tag{4.44}$$

其中，$\boldsymbol{z}(\boldsymbol{p})=(\boldsymbol{w}(\boldsymbol{p})^{\mathrm{T}},b(\boldsymbol{p}),\boldsymbol{\xi}(\boldsymbol{p})^{\mathrm{T}})^{\mathrm{T}}$。

如下推论给出了它的二阶可微性和一、二阶导数的公式，由此可以构造 ϕ 在

$\boldsymbol{p}_0$ 的二阶展开式。

推论 4.2.4 设对于问题(4.1)有定理 4.2.1 的条件成立，则存在存 $\boldsymbol{p}_0$ 的邻域 $N(\boldsymbol{p}_0)$，使得在 $N(\boldsymbol{p}_0)$ 上，$\phi(\boldsymbol{p})$为二次连续可微，并且有

$$(1)\ \phi(\boldsymbol{p})=L(\boldsymbol{w}(\boldsymbol{p}),b(\boldsymbol{p}),\boldsymbol{\xi}(\boldsymbol{p}),\boldsymbol{\alpha}(\boldsymbol{p}),\boldsymbol{p}), \tag{4.45}$$

$$(2)\ \nabla_{\boldsymbol{p}}\phi(\boldsymbol{p})=\nabla_{\boldsymbol{p}}f+\frac{\partial g}{\partial \boldsymbol{p}}\boldsymbol{\alpha}(\boldsymbol{p}), \tag{4.46}$$

$$(3)\ \nabla^2_{\boldsymbol{p}}\phi(\boldsymbol{p})=\frac{\partial \boldsymbol{z}(\boldsymbol{p})}{\partial \boldsymbol{p}}\nabla^2_{\boldsymbol{z}\boldsymbol{p}}L+\frac{\partial \boldsymbol{\alpha}(\boldsymbol{p})}{\partial \boldsymbol{p}}\left(\frac{\partial g}{\partial \boldsymbol{p}}\right)^{\mathrm{T}}+\nabla^2_{\boldsymbol{p}}L。 \tag{4.47}$$

这里∇表示在偏导数意义下的求导运算；并且各函数和导数皆为在点$(\boldsymbol{w}(\boldsymbol{p}),b(\boldsymbol{p}),\boldsymbol{\alpha}(\boldsymbol{p}),\boldsymbol{p})$处计值。

通过把训练数据当成参数 $\boldsymbol{p}$，建立的数据扰动分析数据扰动分析基本定理 4.2.1 和推论 4.2.3，给出了计算解 $\boldsymbol{w},b$ 关于参数 $\boldsymbol{p}$ 的偏导数方法。通过偏导数直接可以回答两方面的问题。

(1) 在已知数据误差限的条件下，所引起的解 $\boldsymbol{w},b$ 乃至 $f(\boldsymbol{x})$的误差有多大？是否数据误差越小，模型的解同真解越接近？这本质上是支持向量分类机的稳定性问题。

(2) 考虑数据发生某些变化，相对应的支持向量分类机模型的解唯一吗？能否定量地给出数据变化后模型解的近似值？这本质上是支持向量分类机的灵敏度分析问题。得到数据误差对于最优解以及决策函数值影响的定量结果。

通过定理 4.2.1 的证明过程，我们发现起作用约束中，$m+B,C$ 所对应的梯度组一定线性无关，如果起作用组约束的梯度组线性相关，则一定有 A 和 $m+A$ 对应的起作用约束的梯度组线性相关。下述定理给出，在出现这种情况时的一种处理方法。

线性无关性和严格互补性定理

在基本定理建立过程中，为使用定理 2.5.3，要保证它的各条假设成立。问题(4.1)是二次规划，可微性假设自然成立，定理 4.1.2 和推论 4.1.3 证明了二阶充分条件假设对于问题(4.2)无条件成立，对于问题(4.1)也只需作存在 $\alpha_i<C_i$ 这种一个很弱而且极容易验证的假设。支持向量机模型对于定理 2.5.3 的线性无关和严格互补两条假设，却会同时不能满足。以问题(4.2)为例，当 A 类点较多时，其输入常常不全是支持向量，也就是说有的点对应的约束为起作用约束，而对应的乘子却为零，这样便破坏了严格互补性。同时若 A 类点的个数 $t>n+1$，梯度向量组 $\left\{\nabla g_i=\begin{pmatrix} y_i\boldsymbol{x}_i \\ y_i \end{pmatrix}, i\in A\right\}$一定线性相关。比如设 $n=2$，即输入空间为平面的情形，只

有当A类点不超过3个，且全为支持向量时，才有可能同时满足线性无关和严格互补两条假设。下面讨论使线性无关假设成立的各种情况以及当两条假设不成立时的处理方法。

定理 4.2.5 设$(\boldsymbol{w}^*,b^*,\boldsymbol{\xi}^*)$为问题(4.1)的最优解，对应的乘子$\alpha_i^*$满足$0<\alpha_i^*<C_i(\forall i\in A)$。若对应的向量组$\begin{pmatrix}y_1\boldsymbol{x}_1\\y_1\end{pmatrix},\begin{pmatrix}y_2\boldsymbol{x}_2\\y_2\end{pmatrix},\cdots,\begin{pmatrix}y_t\boldsymbol{x}_t\\y_t\end{pmatrix}$线性相关，则一定存在一个无关组，和一组乘子$(\alpha_1^*,\alpha_2^*,\cdots,\alpha_{2m}^*)^{\mathrm{T}}$，使得对于该无关组的乘子为正，其余乘子为零。

证明 因为问题(4.1)为凸二次规划，所以$(\boldsymbol{w}^*,b^*,\boldsymbol{\xi}^*)$为问题(4.1)的KT点，即存在$\boldsymbol{\alpha}^*=(\alpha_1^*,\alpha_2^*,\cdots,\alpha_{2m}^*)^{\mathrm{T}}\geqslant\boldsymbol{0}$，使

$$\begin{pmatrix}\boldsymbol{w}^*\\0\\\boldsymbol{C}\end{pmatrix}+\alpha_1^*\begin{pmatrix}-y_1\boldsymbol{x}_1\\-y_1\\-\boldsymbol{e}_1\end{pmatrix}+\cdots+\alpha_m^*\begin{pmatrix}-y_m\boldsymbol{x}_m\\-y_m\\-\boldsymbol{e}_m\end{pmatrix}+\alpha_{m+1}^*\begin{pmatrix}\boldsymbol{0}\\0\\-\boldsymbol{e}_1\end{pmatrix}+\cdots+\alpha_{2m}^*\begin{pmatrix}\boldsymbol{0}\\0\\-\boldsymbol{e}_m\end{pmatrix}=\boldsymbol{0},\tag{4.48}$$

$$\alpha_i^*(-y_i\boldsymbol{w}^*\cdot\boldsymbol{x}_i-y_ib^*+1)=0,\quad i=1,2,\cdots,m,\tag{4.49}$$

$$\alpha_{m+i}^*(-\xi_i)=0,\quad i=1,2,\cdots,m,\tag{4.50}$$

$$\alpha_i^*\geqslant0,\quad i=1,2,\cdots,2m。\tag{4.51}$$

其中$\boldsymbol{C}=(C_1,C_2,\cdots,C_m)^{\mathrm{T}}$。

由$\begin{pmatrix}y_1\boldsymbol{x}_1\\y_1\end{pmatrix},\begin{pmatrix}y_2\boldsymbol{x}_2\\y_2\end{pmatrix},\cdots,\begin{pmatrix}y_t\boldsymbol{x}_t\\y_t\end{pmatrix}$线性相关，可知

$$\begin{pmatrix}-y_1\boldsymbol{x}_1\\-y_1\\-\boldsymbol{e}_1\end{pmatrix},\begin{pmatrix}\boldsymbol{0}\\0\\-\boldsymbol{e}_1\end{pmatrix},\begin{pmatrix}-y_2\boldsymbol{x}_2\\-y_2\\-\boldsymbol{e}_2\end{pmatrix},\begin{pmatrix}\boldsymbol{0}\\0\\-\boldsymbol{e}_2\end{pmatrix},\cdots,\begin{pmatrix}-y_t\boldsymbol{x}_t\\-y_t\\-\boldsymbol{e}_t\end{pmatrix},\begin{pmatrix}\boldsymbol{0}\\0\\-\boldsymbol{e}_t\end{pmatrix}\tag{4.52}$$

线性相关，那么一定存在不全为零的系数使得

$$\beta_1\begin{pmatrix}-y_1\boldsymbol{x}_1\\-y_1\\-\boldsymbol{e}_1\end{pmatrix}+\beta_{m+1}\begin{pmatrix}\boldsymbol{0}\\0\\-\boldsymbol{e}_1\end{pmatrix}+\beta_2\begin{pmatrix}-y_2\boldsymbol{x}_2\\-y_2\\-\boldsymbol{e}_2\end{pmatrix}+\beta_{m+2}\begin{pmatrix}\boldsymbol{0}\\0\\-\boldsymbol{e}_2\end{pmatrix}+\cdots+\beta_t\begin{pmatrix}-y_t\boldsymbol{x}_t\\-y_t\\-\boldsymbol{e}_t\end{pmatrix}+\beta_{m+t}\begin{pmatrix}\boldsymbol{0}\\0\\-\boldsymbol{e}_t\end{pmatrix}=\boldsymbol{0}。\tag{4.53}$$

由式(4.53)可以得到

$$\beta_i=-\beta_{m+i},\quad i=1,2,\cdots,t。\tag{4.54}$$

把式(4.53)两边乘以$\lambda(\lambda>0)$得

$$\lambda\beta_1\begin{pmatrix}-y_1\boldsymbol{x}_1\\-y_1\\-\boldsymbol{e}_1\end{pmatrix}+\lambda\beta_{m+1}\begin{pmatrix}\boldsymbol{0}\\0\\-\boldsymbol{e}_1\end{pmatrix}+\lambda\beta_2\begin{pmatrix}-y_2\boldsymbol{x}_2\\-y_2\\-\boldsymbol{e}_2\end{pmatrix}+\lambda\beta_{m+2}\begin{pmatrix}\boldsymbol{0}\\0\\-\boldsymbol{e}_2\end{pmatrix}+\cdots+$$

$$\lambda\beta_t\begin{pmatrix}-y_t\boldsymbol{x}_t\\-y_t\\-\boldsymbol{e}_t\end{pmatrix}+\lambda\beta_{m+t}\begin{pmatrix}\boldsymbol{0}\\0\\-\boldsymbol{e}_t\end{pmatrix}=\boldsymbol{0}。\tag{4.55}$$

则用式(4.55)加式(4.48)，得到

$$\begin{pmatrix}\boldsymbol{w}^*\\0\\\boldsymbol{C}\end{pmatrix}+(\alpha_1^*+\lambda\beta_1)\begin{pmatrix}-y_1\boldsymbol{x}_1\\-y_1\\-\boldsymbol{e}_1\end{pmatrix}+(\alpha_{m+1}^*+\lambda\beta_{m+1})\begin{pmatrix}\boldsymbol{0}\\0\\-\boldsymbol{e}_1\end{pmatrix}+\cdots+$$

$$(\alpha_t^*+\lambda\beta_t)\begin{pmatrix}-y_t\boldsymbol{x}_t\\-y_t\\-\boldsymbol{e}_t\end{pmatrix}+(\alpha_{m+t}^*+\lambda\beta_{m+t})\begin{pmatrix}\boldsymbol{0}\\0\\-\boldsymbol{e}_t\end{pmatrix}+\alpha_{m+t+1}^*\begin{pmatrix}\boldsymbol{0}\\0\\-\boldsymbol{e}_{m+t+1}\end{pmatrix}+\cdots+$$

$$\alpha_{m+s}^*\begin{pmatrix}\boldsymbol{0}\\0\\-\boldsymbol{e}_s\end{pmatrix}+\alpha_{s+1}^*\begin{pmatrix}-y_{s+1}\boldsymbol{x}_{s+1}\\-y_{s+1}\\-\boldsymbol{e}_{s+1}\end{pmatrix}+\cdots+\alpha_m^*\begin{pmatrix}-y_m\boldsymbol{x}_m\\-y_m\\-\boldsymbol{e}_m\end{pmatrix}=\boldsymbol{0}。\tag{4.56}$$

令

$$\begin{cases}\lambda_1=\min\left\{\dfrac{\alpha_i^*}{-\beta_i}\mid\beta_i<0,i=1,\cdots,t;\ m+1,\cdots,m+t\right\},\\\lambda_2=\min\left\{\dfrac{C_i-\alpha_i^*}{\beta_i}\mid\beta_i>0,i=1,\cdots,t;\ m+1,\cdots,m+t\right\}。\end{cases}\tag{4.57}$$

由于 $0<\alpha_i^*<C_i$，得到 $\alpha_{m+i}^*=C_i-\alpha_i^*>0$，则式(4.57)定义的 $\lambda_1>0$，且式(4.56)的每个系数都非负，且至少有一个等于零。当 $\lambda_1<\lambda_2$ 时，而且新得到的乘子仍然满足 $\alpha_i<C_i$。

重复式(4.52)到式(4.57)的过程，每一轮至少减少一个支持向量，即 t_1 值严格减少，因为所有的向量 $\begin{pmatrix}y_i\boldsymbol{x}_i\\y_i\end{pmatrix}$ 皆为非零向量，所以一定可以经过有限轮得到起作用约束的梯度组的一个无关组，对于该无关组的乘子为正，其余乘子为零。

证毕

如前所述，其作用约束的梯度组的线性无关性，保证了 KT 条件中的乘子是唯一的。定理 4.2.5 表明，当乘子不唯一时，在某种假设下，一定存在一组乘子，使对应的 A 类支持向量所构成的梯度向量组线性无关。

推论 4.2.6　设$(\boldsymbol{w}^*,b^*)$为问题(4.2)的最优解，支持向量对应的向量组$\begin{pmatrix} y_1\boldsymbol{x}_1 \\ y_1 \end{pmatrix},\begin{pmatrix} y_2\boldsymbol{x}_2 \\ y_2 \end{pmatrix},\cdots,\begin{pmatrix} y_t\boldsymbol{x}_t \\ y_t \end{pmatrix}$线性相关，则一定存在一个无关组，使得$\nabla f(\boldsymbol{w}^*,b^*)=(\boldsymbol{w}^{\mathrm{T}},0)^{\mathrm{T}}$用这个无关组的正系数线性表示。

推论 4.2.6(另一种表述)　设$(\boldsymbol{w}^*,b^*)$为问题(4.2)的最优解。若问题(4.2)的对偶问题的解不唯一，则一定有一组解$\alpha_1^*,\alpha_2^*\cdots,\alpha_m^*$，使对应支持向量构成的向量组$\begin{pmatrix} y_1\boldsymbol{x}_1 \\ y_1 \end{pmatrix},\begin{pmatrix} y_2\boldsymbol{x}_2 \\ y_2 \end{pmatrix},\cdots,\begin{pmatrix} y_t\boldsymbol{x}_t \\ y_t \end{pmatrix}$线性无关。

证明　任取对偶问题的一组解$\alpha_1^*,\alpha_2^*,\cdots,\alpha_m^*$，不妨设$\alpha_1^*,\alpha_2^*,\cdots,\alpha_t^*$均大于零，如果向量组$\begin{pmatrix} y_1\boldsymbol{x}_1 \\ y_1 \end{pmatrix},\begin{pmatrix} y_2\boldsymbol{x}_2 \\ y_2 \end{pmatrix},\cdots,\begin{pmatrix} y_t\boldsymbol{x}_t \\ y_t \end{pmatrix}$线性无关，则得证。否则，从此组乘子出发，使用定理 4.2.5 证明中的方法，最终会找到所要求的乘子$\alpha_1^*,\alpha_2^*,\cdots,\alpha_m^*$。

证毕

显然，定理 4.2.5 和推论 4.2.6 的证明都是构造性的。定理 4.2.5 给出了问题(4.1)所有对应的起作用约束梯度组总可以存在一个无关组，使得问题(4.1)的目标函数梯度用此无关组正系数线性表示，而且定理的证明过程，给出了一种具体寻找这一无关组及对应乘子的途径。下面定理给出了一种情况，保证对应的起作用约束梯度组线性无关。

定义 4.2.7　系数零和线性相关：如果存在$c_i(i=1,\cdots,t)$不全为 0，且$\sum_{i=1}^{t}c_i=0$，使$\sum_{i=1}^{t}c_i\boldsymbol{x}_i=\boldsymbol{0}$，则称$\boldsymbol{x}_1,\boldsymbol{x}_2,\cdots,\boldsymbol{x}_t$系数零和线性相关。

例如，若$\boldsymbol{x}_{k+1}$可表示为$\boldsymbol{x}_1,\boldsymbol{x}_2,\cdots,\boldsymbol{x}_k$的凸组合，则$\boldsymbol{x}_{k+1},\boldsymbol{x}_1,\boldsymbol{x}_2,\cdots,\boldsymbol{x}_k$为系数零和线性相关。

更一般的，如果$\boldsymbol{x}_1,\boldsymbol{x}_2,\cdots,\boldsymbol{x}_k,\boldsymbol{x}_{k+1}$可分为两组，使得一组的某个凸组合等于另一组的某个凸组合，则$\boldsymbol{x}_1,\boldsymbol{x}_2,\cdots,\boldsymbol{x}_k,\boldsymbol{x}_{k+1}$为系数零和线性相关。

定理 4.2.8　假设$(\boldsymbol{w}^*,b^*,\boldsymbol{\xi}^*)$为问题(4.1)的最优解。如果 A 类点都为支持向量，而且某类别只有一个支持向量，另一类别支持向量组非系数零和线性相关，则所有起作用约束的梯度组一定线性无关。

证明　对于 A 类的支持向量，不妨假设$\boldsymbol{x}_1$是正类支持向量，$\boldsymbol{x}_2,\cdots,\boldsymbol{x}_t$为负类支持向量，考查所有起作用约束梯度等式组，假设存在系数$\{c_i \mid i\in I\}$使它们的线性组合为$\boldsymbol{0}$，即

$$c_1\begin{pmatrix}-y_1\boldsymbol{x}_1\\-y_1\\-\boldsymbol{e}_1\end{pmatrix}+c_{m+1}\begin{pmatrix}\boldsymbol{0}\\0\\-\boldsymbol{e}_1\end{pmatrix}+\cdots+c_t\begin{pmatrix}-y_t\boldsymbol{x}_t\\-y_t\\-\boldsymbol{e}_t\end{pmatrix}+$$

$$c_{m+t}\begin{pmatrix}\boldsymbol{0}\\0\\-\boldsymbol{e}_t\end{pmatrix}+c_{m+t+1}\begin{pmatrix}\boldsymbol{0}\\0\\-\boldsymbol{e}_{t+1}\end{pmatrix}+\cdots+c_{m+s}\begin{pmatrix}\boldsymbol{0}\\0\\-\boldsymbol{e}_s\end{pmatrix}+$$

$$c_{s+1}\begin{pmatrix}-y_{s+1}\boldsymbol{x}_{s+1}\\-y_{s+1}\\-\boldsymbol{e}_{s+1}\end{pmatrix}+\cdots+c_m\begin{pmatrix}-y_m\boldsymbol{x}_m\\-y_m\\-\boldsymbol{e}_m\end{pmatrix}=\boldsymbol{0}。\tag{4.58}$$

首先可以得到 $c_{m+t+1}=\cdots=c_{m+s}=c_{s+1}=\cdots=c_m=0$,进而有

$$c_1\boldsymbol{x}_1=c_2\boldsymbol{x}_2+\cdots+c_t\boldsymbol{x}_t,\tag{4.59}$$

$$c_1=c_2+\cdots+c_t,\tag{4.60}$$

$$c_i=-c_{m+i},\quad i=1,\cdots,t。\tag{4.61}$$

用$(\boldsymbol{w}^{*\mathrm{T}},b^*,\boldsymbol{\xi}^{*\mathrm{T}})$作用式(4.58)的两边

$$(\boldsymbol{w}^*,b^*,\boldsymbol{\xi}^*)\left(c_1\begin{pmatrix}-y_1\boldsymbol{x}_1\\-y_1\\-\boldsymbol{e}_1\end{pmatrix}+c_{m+1}\begin{pmatrix}\boldsymbol{0}\\0\\-\boldsymbol{e}_1\end{pmatrix}+c_2\begin{pmatrix}-y_2\boldsymbol{x}_2\\-y_2\\-\boldsymbol{e}_2\end{pmatrix}+c_{m+2}\begin{pmatrix}\boldsymbol{0}\\0\\-\boldsymbol{e}_2\end{pmatrix}+\cdots+\right.$$

$$c_t\begin{pmatrix}-y_t\boldsymbol{x}_t\\-y_t\\-\boldsymbol{e}_t\end{pmatrix}+c_{m+t}\begin{pmatrix}\boldsymbol{0}\\0\\-\boldsymbol{e}_t\end{pmatrix}+c_{m+t+1}\begin{pmatrix}\boldsymbol{0}\\0\\-\boldsymbol{e}_{t+1}\end{pmatrix}+c_{m+t+2}\begin{pmatrix}\boldsymbol{0}\\0\\-\boldsymbol{e}_{t+2}\end{pmatrix}+\cdots+c_{m+s}\begin{pmatrix}\boldsymbol{0}\\0\\-\boldsymbol{e}_{t+s}\end{pmatrix}+$$

$$\left.c_{s+1}\begin{pmatrix}-y_{s+1}\boldsymbol{x}_{s+1}\\-y_{s+1}\\-\boldsymbol{e}_{s+1}\end{pmatrix}+c_{s+2}\begin{pmatrix}-y_{s+2}\boldsymbol{x}_{s+2}\\-y_{s+2}\\-\boldsymbol{e}_{s+2}\end{pmatrix}+\cdots+c_m\begin{pmatrix}-y_m\boldsymbol{x}_m\\-y_m\\-\boldsymbol{e}_m\end{pmatrix}\right)=\boldsymbol{0}。\tag{4.62}$$

由于 A 类点都是支持向量,从而对应于起作用约束,满足 $y_i(\boldsymbol{w}\cdot\boldsymbol{x}_i+b)+\xi_i=1,i=1,2,\cdots,t$,可以得到 $c_1+c_2+\cdots+c_t=0$,即 $c_1=-(c_2+\cdots+c_t)$。结合式(4.61),有 $c_1=0$ 及 $c_2\boldsymbol{x}_2+\cdots+c_t\boldsymbol{x}_t=\boldsymbol{0},c_2+\cdots+c_t=0$。又由于 $\boldsymbol{x}_2,\cdots,\boldsymbol{x}_t$ 非系数零和线性相关,得到 $c_1=c_2=\cdots=c_t=0$,所以 $c_{m+1}=c_{m+2}=\cdots=c_{m+t}=0$。根据线性无关的定义,可以得到所有起作用约束的梯度组线性无关。

证毕

推论 4.2.9 假设$(\boldsymbol{w}^*,b^*)$为问题(4.2)的最优解,对应的支持向量不妨假设为 $\boldsymbol{x}_1,\boldsymbol{x}_2,\cdots,\boldsymbol{x}_t$,如果:①某类只有一个支持向量;②另一类支持向量组线性无关。则向量组 $\begin{pmatrix}y_1\boldsymbol{x}_1\\y_1\end{pmatrix},\begin{pmatrix}y_2\boldsymbol{x}_2\\y_2\end{pmatrix},\cdots,\begin{pmatrix}y_t\boldsymbol{x}_t\\y_t\end{pmatrix}$一定线性无关。

证明 对应最优解(w^*, b^*)的支持向量不妨假设为$\boldsymbol{x}_1, \boldsymbol{x}_2, \cdots, \boldsymbol{x}_t$，而且某类只有一个支持向量，所以不妨假设$\boldsymbol{x}_1$是正类支持向量，$\boldsymbol{x}_2, \cdots, \boldsymbol{x}_t$为负类支持向量。考查等式组

$$c_1\begin{pmatrix} y_1\boldsymbol{x}_1 \\ y_1 \end{pmatrix} + c_2\begin{pmatrix} y_2\boldsymbol{x}_2 \\ y_2 \end{pmatrix} + \cdots + c_k\begin{pmatrix} y_k\boldsymbol{x}_k \\ y_k \end{pmatrix} + \cdots + c_t\begin{pmatrix} y_t\boldsymbol{x}_t \\ y_t \end{pmatrix} = \boldsymbol{0}, \tag{4.63}$$

可以得到

$$c_1\boldsymbol{x}_1 = c_2\boldsymbol{x}_2 + \cdots + c_t\boldsymbol{x}_t, \tag{4.64}$$

$$c_1 = c_2 + \cdots + c_t。\tag{4.65}$$

用$(\boldsymbol{w}^{*\mathrm{T}}, b^*)$作用式(4.63)的两边，得

$$(\boldsymbol{w}^{*\mathrm{T}}, b^*)\left[c_1\begin{pmatrix} y_1\boldsymbol{x}_1 \\ y_1 \end{pmatrix} + c_2\begin{pmatrix} y_2\boldsymbol{x}_2 \\ y_2 \end{pmatrix} + \cdots + c_k\begin{pmatrix} y_k\boldsymbol{x}_k \\ y_k \end{pmatrix} + \cdots + c_t\begin{pmatrix} y_t\boldsymbol{x}_t \\ y_t \end{pmatrix}\right] = \boldsymbol{0}。\tag{4.66}$$

整理式(4.66)得到

$$\begin{aligned} &c_1y_1(\boldsymbol{w}^* \cdot \boldsymbol{x}_1 + b_1) + c_2y_2(\boldsymbol{w}^* \cdot \boldsymbol{x}_2 + b_2) + \cdots + \\ &c_ky_k(\boldsymbol{w}^* \cdot \boldsymbol{x}_k + b_k) + \cdots + c_ty_t(\boldsymbol{w}^* \cdot \boldsymbol{x}_t + b_t) = 0。\end{aligned} \tag{4.67}$$

由于支持向量都对应起作用约束，即$y_i(\boldsymbol{w} \cdot \boldsymbol{x}_i + b) = 1$，可以得到$c_1 + c_2 + \cdots + c_t = 0$，即

$$c_1 = -(c_2 + \cdots + c_t)。\tag{4.68}$$

结合式(4.65)，有

$$c_1 = 0。\tag{4.69}$$

结合式(4.64)，有

$$c_2\boldsymbol{x}_2 + \cdots + c_t\boldsymbol{x}_t = \boldsymbol{0}。\tag{4.70}$$

又由于$\boldsymbol{x}_2, \cdots, \boldsymbol{x}_t$线性无关，得$c_1 = c_2 = \cdots = c_t = 0$，即$\begin{pmatrix} y_1\boldsymbol{x}_1 \\ y_1 \end{pmatrix}, \begin{pmatrix} y_2\boldsymbol{x}_2 \\ y_2 \end{pmatrix}, \cdots, \begin{pmatrix} y_t\boldsymbol{x}_t \\ y_t \end{pmatrix}$线性无关。

证毕

在推论4.2.9中，$\boldsymbol{x}_2, \cdots, \boldsymbol{x}_t$线性无关，可以得到$\begin{pmatrix} y_2\boldsymbol{x}_2 \\ y_2 \end{pmatrix}, \cdots, \begin{pmatrix} y_t\boldsymbol{x}_t \\ y_t \end{pmatrix}$线性无关。在①假设下，可以得到$\begin{pmatrix} y_1\boldsymbol{x}_1 \\ y_1 \end{pmatrix}, \begin{pmatrix} y_2\boldsymbol{x}_2 \\ y_2 \end{pmatrix}, \cdots, \begin{pmatrix} y_t\boldsymbol{x}_t \\ y_t \end{pmatrix}$线性无关；而如果$\begin{pmatrix} y_1\boldsymbol{x}_1 \\ y_1 \end{pmatrix}, \begin{pmatrix} y_2\boldsymbol{x}_2 \\ y_2 \end{pmatrix}, \cdots, \begin{pmatrix} y_t\boldsymbol{x}_t \\ y_t \end{pmatrix}$线性无关，则$\begin{pmatrix} y_2\boldsymbol{x}_2 \\ y_2 \end{pmatrix}, \cdots, \begin{pmatrix} y_t\boldsymbol{x}_t \\ y_t \end{pmatrix}$线性无关，从而$\boldsymbol{x}_2, \cdots, \boldsymbol{x}_t$线性无关，由此可见在条件①成立的前提下，条件②是线性无关的充要条件。

至于定理中的条件①某类只有一个支持向量是线性无关的本质性条件，即可以举出如条件①不成立时有虽然另一类的向量组线性无关，但整个向量组却线性相关的反例。但同时条件①又不是必要条件。以下用两个例子说明。

例 1 在$\mathbb{R}^3$中由训练数据构造出最优化问题(4.2)，求解问题(4.2)得到最优解$(\boldsymbol{w}^*, b^*)$，假设对应有 4 个支持向量，其中$\begin{pmatrix}0\\1\\0\end{pmatrix}$，$\begin{pmatrix}1\\1\\0\end{pmatrix}$为正类支持向量线性无关，$\begin{pmatrix}0\\2\\0\end{pmatrix}$，$\begin{pmatrix}1\\2\\0\end{pmatrix}$为负类支持向量线性无关，但梯度组$\begin{pmatrix}0\\1\\0\\1\end{pmatrix}$，$\begin{pmatrix}1\\1\\0\\1\end{pmatrix}$，$\begin{pmatrix}0\\-2\\0\\-1\end{pmatrix}$，$\begin{pmatrix}-1\\-2\\0\\-1\end{pmatrix}$却线性相关。

此例说明，两类支持向量都不止一个，虽然分别线性无关，但构成的向量组线性相关。

例 2 在$\mathbb{R}^3$中由训练数据构造出最优化问题(4.2)，求解问题(4.2)得到最优解$(\boldsymbol{w}^*, b^*)$，假设对应有 4 个支持向量，其中$\begin{pmatrix}0\\1\\0\end{pmatrix}$，$\begin{pmatrix}1\\1\\0\end{pmatrix}$为正类支持向量线性无关，$\begin{pmatrix}0\\2\\1\end{pmatrix}$，$\begin{pmatrix}1\\2\\0\end{pmatrix}$为负类支持向量线性无关，虽然假设条件①不成立，但$\begin{pmatrix}0\\1\\0\\1\end{pmatrix}$，$\begin{pmatrix}1\\1\\0\\1\end{pmatrix}$，$\begin{pmatrix}0\\-2\\-1\\-1\end{pmatrix}$，$\begin{pmatrix}-1\\-2\\0\\-1\end{pmatrix}$却线性无关。

此例说明，条件①不是必要条件。

在实际应用中，如果数据$(\boldsymbol{x}_1, y_1), \cdots, (\boldsymbol{x}_m, y_m)$导出的问题不满足定理 4.2.1 的线性无关以及 A 类点都是支持向量且乘子$\alpha_i^* < C_i$的假设，如果允许去掉这样的样本点，则我们总可以做到在不影响问题最优解的前提下，适当去掉某些数据点，使得定理 4.2.1 的假设成立。由于 B，C 类点满足严格互补条件，所以当不满足严格互补条件时，只需考虑去掉 A 类的点，具体可以参见下面的定理。

定理 4.2.10 假设$(\boldsymbol{w}^*, b^*, \boldsymbol{\xi}^*)$为问题(4.1)的唯一最优解。如果 A 类输入支持向量的个数为t_1，则一定可以将问题(4.1)的约束条件减去$t-t_1$个构成子问题,使$(\boldsymbol{w}^*, b^*, \boldsymbol{\xi}^*)$为子问题的唯一最优解。

证明 设$(\boldsymbol{w}^*, b^*, \boldsymbol{\xi}^*)$为问题(4.1)的唯一最优解,注意到问题(4.1)为凸二次规划,最优解等价于KT点,即存在$\boldsymbol{\alpha}^* = (\alpha_1^*, \alpha_2^*, \cdots, \alpha_{2m}^*)^{\mathrm{T}}$,使得下列KT条件成立

$$\begin{pmatrix}\boldsymbol{w}^*\\0\\\boldsymbol{C}\end{pmatrix}+\alpha_1^*\begin{pmatrix}-y_1\boldsymbol{x}_1\\-y\\-\boldsymbol{e}_1\end{pmatrix}+\cdots+\alpha_m^*\begin{pmatrix}-y_m\boldsymbol{x}_m\\-y_m\\-\boldsymbol{e}_m\end{pmatrix}+\alpha_{m+1}^*\begin{pmatrix}\boldsymbol{0}\\0\\-\boldsymbol{e}_1\end{pmatrix}+\cdots+\alpha_{2m}^*\begin{pmatrix}\boldsymbol{0}\\0\\-\boldsymbol{e}_m\end{pmatrix}=\boldsymbol{0},$$

$$\alpha_i^*(-y_i\boldsymbol{w}^*\cdot\boldsymbol{x}_i-y_ib^*+1)=0,\quad i=1,2,\cdots,m,$$

$$\alpha_{m+i}^*(-\xi_i)=0,\quad i=1,2,\cdots,m,$$

$$\alpha_i^*\geqslant 0,\quad i=1,2,\cdots,2m。\tag{4.71}$$

A类对应的起作用约束集合$I_A=\{i \mid y_i(\boldsymbol{w}^*\cdot\boldsymbol{x}_i+b^*)+\xi_i=1,\xi_i=0\}$,起作用集合中对应点的输入分两类:一类是支持向量,$\alpha_i^*>0$;一类为非支持向量,$\alpha_i^*=0$。根据引理4.1.1的式(4.3),对其中的A和$m+A$所对应的起作用约束,当$i\in A$且$\alpha_i^*=0$,即$\boldsymbol{x}_i$为非支持向量时,去掉A类中所有非支持向量对应的约束条件以及目标函数对应的项$C_i\xi_i$,这样构成子问题。$(\boldsymbol{w}^*, b^*, \boldsymbol{\xi}^*)$仍是子问题的可行解,显然,子问题在$(\boldsymbol{w}^*, b^*, \boldsymbol{\xi}^*)$处式(4.71)仍成立,即$(\boldsymbol{w}^*, b^*, \boldsymbol{\xi}^*)$是子问题的KT点,从而为最优解。

反之,设$(\boldsymbol{w}_1^*, b_1^*, \boldsymbol{\xi}_1^*)$是子问题的最优解,则$(\boldsymbol{w}_1^*, b_1^*, \boldsymbol{\xi}_1^*)$仍满足子问题的KT条件,把去掉的非支持向量所对应的非支持向量$\alpha_i^*=0,\alpha_{m+i}^*=C_i$补加到式(4.71)中去,根据KKT条件是问题(4.1)最优解的充要条件,得到$(\boldsymbol{w}_1^*, b_1^*)$是原问题的最优解。又由于凸二次规划的最优解是唯一的,所以$(\boldsymbol{w}_1^*, b_1^*, \boldsymbol{\xi}_1^*)=(\boldsymbol{w}^*, b^*, \boldsymbol{\xi}^*)$。

定理4.2.10保证了问题(4.1)一定存在一个子问题,使得严格互补条件成立。

定理4.2.5和定理4.2.10表明,对于数据$(\boldsymbol{x}_1, y_1),(\boldsymbol{x}_2, y_2),\cdots,(\boldsymbol{x}_m, y_m)$导出的问题(4.1)不满足定理4.2.1的假设的情况,给出了一种处理方法,即若A类支持向量所对应的起作用约束的梯度组线性相关,使用定理4.2.5证明中的构造性方法,可以改选另外一组乘子,减少A类支持向量的个数,使对应的起作用约束的梯度组线性无关,这样就产生了一些A类的非支持向量,然后使用定理4.2.10去掉所有的A类非支持向量,使得出的新数据组导出的支持向量机问题(4.1)满足定理4.2.1的假设,并且解$(\boldsymbol{w}^*, b^*)$不变,从而决策函数不变。显然这样的子问题不是唯一的。这不仅因为在上述的处理过程中,线性无关的可能结果不唯一,更因为在线性无关假设不成立时,对偶的解不唯一时,我们所选择作为出发点的那组乘子会有不同的选择。也就是说,A类支持向量对应的起作用约束的梯度组线性相

关,这时 A 类支持向量与非支持向量的分划可以有多种结果。不同的子问题虽然其解($\boldsymbol{w}^*,b^*$)相同,在数据扰动的情况下,所产生的 $\boldsymbol{w}(\boldsymbol{p}),b(\boldsymbol{p}),\boldsymbol{\xi}(\boldsymbol{p})$就不一样了,其中的 $\boldsymbol{w}(\boldsymbol{p}),b(\boldsymbol{p}),\boldsymbol{\xi}(\boldsymbol{p})$不一定是原问题(4.1)在扰动下的解,但原问题(4.1)在数据扰动后 $\boldsymbol{w}^*(\boldsymbol{p}),b^*(\boldsymbol{p}),\boldsymbol{\xi}^*(\boldsymbol{p})$(不一定是唯一的)却一定在这些子问题的 $\boldsymbol{w}(\boldsymbol{p}),b(\boldsymbol{p}),\boldsymbol{\xi}(\boldsymbol{p})$之中,这导向某种分支理论,本书不作讨论。

在一般的非线性规划问题的情形,定理 2.5.5 是在二阶充分条件、严格互补、起作用约束梯度线性无关的条件下得到的。推广这一定理的工作首先是考虑去掉严格互补假设。罗宾逊证明了在线性无关和所谓强二阶充分条件的假设下,仍有邻域 $N(\boldsymbol{p}_0)$存在,使得最优解和乘子为单值的,再作适当的连续性假设,可以得到它们是利普希茨连续的。

Jittorntrum 在类似假设下证明了最优解的方向导数是存在的。利用方向导数足以完成定理 2.5.5 中给出的偏导数公式,我们将此结果用于支持向量分类机,所得结果叙述如下。

定义 4.2.11(支持向量机问题解的强二阶充分条件) 考虑问题(4.1),可行集为 S。设点$(\boldsymbol{w}^{*\mathrm{T}},b^*,\boldsymbol{\xi}^{*\mathrm{T}})\in S$,称$(\boldsymbol{w}^{*\mathrm{T}},b^*,\boldsymbol{\xi}^{*\mathrm{T}})$满足强二阶充分条件是指:

(1) 存在$\boldsymbol{\alpha}^*=(\alpha_1^*,\alpha_2^*,\cdots,\alpha_{2m}^*)^{\mathrm{T}}\geqslant\boldsymbol{0}$,使得

$$\begin{pmatrix}\boldsymbol{w}^*\\0\\C_1\\C_2\\\vdots\\C_m\end{pmatrix}=\begin{pmatrix}\sum_{i=1}^m\alpha_i^*y_i\boldsymbol{x}_i\\\sum_{i=1}^m\alpha_i^*y_i\\\alpha_1^*+\alpha_{m+1}^*\\\alpha_2^*+\alpha_{m+2}^*\\\vdots\\\alpha_m^*+\alpha_{2m}^*\end{pmatrix},\tag{4.72}$$

$$\alpha_i^*g_i(\boldsymbol{w}^*,b^*,\boldsymbol{\xi}^*)=0,\quad i=1,2,\cdots,2m。\tag{4.73}$$

(2) 设

$$Z_1=\{\boldsymbol{z}\in\mathbb{R}^{n+1+m}\mid\boldsymbol{z}^{\mathrm{T}}\nabla g_i(\boldsymbol{w}^*,b^*,\boldsymbol{\xi}^*)=0,i\in I_+\},\tag{4.74}$$

其中 $I=\{i\mid g_i(\boldsymbol{w}^*,b^*,\boldsymbol{\xi}^*)=0\},I_+=\{i\in I\mid\alpha_i^*>0\}$。又记

$$L(\boldsymbol{w},b,\boldsymbol{\xi})=f(\boldsymbol{w},b,\boldsymbol{\xi})+\sum_{i=1}^{2m}\alpha_i^*g_i(\boldsymbol{w},b,\boldsymbol{\xi}),\tag{4.75}$$

则

$$\text{对任意 }\boldsymbol{z}\in Z_1,\boldsymbol{z}\neq\boldsymbol{0},\text{有 }\boldsymbol{z}^{\mathrm{T}}\nabla^2L(\boldsymbol{x}^*)\boldsymbol{z}>0。\tag{4.76}$$

强二阶充分条件与二阶充分条件不同之处是集合 Z_1 比集合 Z 变大了,在以 Z 为

子集的更大集合 Z_1 上满足二阶充分条件。但很明显，如果所使用的乘子有严格互补性质，$I=I_+$，$Z=Z_1$，强二阶充分条件也就是通常的二阶充分条件。

定理 4.2.12 假设$(\boldsymbol{w}^*,b^*,\boldsymbol{\xi}^*)$为问题(4.1)的最优解，对应的乘子为 α_1^*，α_2^*，…，α_{2m}^*。若存在 $i\in A$，使 $0<\alpha_i^*<C_i$，则$(\boldsymbol{w}^*,b^*,\boldsymbol{\xi}^*)$满足强二阶充分条件。

证明 证明过程与二阶充分条件类似，在此略去。

定理 4.2.13 设$(\boldsymbol{w}^*,b^*,\boldsymbol{\xi}^*)$为问题(4.1)在 $\boldsymbol{p}=\boldsymbol{p}_0$ 的最优解，对应的拉格朗日乘子$\boldsymbol{\alpha}^*=(\alpha_1^*,\alpha_2^*,\cdots,\alpha_{2m}^*)^{\mathrm{T}}\geqslant\boldsymbol{0}$。假设：

(1) 存在 $i\in A$，使 $0<\alpha_i^*<C_i$；

(2) 向量组 $\begin{pmatrix} y_1\boldsymbol{x}_1 \\ y_1 \end{pmatrix},\begin{pmatrix} y_2\boldsymbol{x}_2 \\ y_2 \end{pmatrix},\cdots,\begin{pmatrix} y_t\boldsymbol{x}_t \\ y_t \end{pmatrix}$线性无关。

则：

(1) $(\boldsymbol{w}^*,b^*,\boldsymbol{\xi}^*)$为问题(4.1)的在 $\boldsymbol{p}=\boldsymbol{p}_0$ 的孤立最优解，并且对应的拉格朗日乘子$\boldsymbol{\alpha}^*=(\alpha_1^*,\alpha_2^*,\cdots,\alpha_{2m}^*)^{\mathrm{T}}\geqslant\boldsymbol{0}$ 是唯一的。

(2) 存在 $\boldsymbol{p}_0$ 的邻域 $N(\boldsymbol{p}_0)$，在 $N(\boldsymbol{p}_0)$上存在唯一连续可微函数

$$\boldsymbol{y}(\boldsymbol{p})=(\boldsymbol{w}(\boldsymbol{p}),b(\boldsymbol{p}),\boldsymbol{\xi}(\boldsymbol{p}),\boldsymbol{\alpha}(\boldsymbol{p}))\text{，使得 }\boldsymbol{y}(\boldsymbol{p}_0)=(\boldsymbol{w}^*,b^*,\boldsymbol{\xi}^*,\boldsymbol{\alpha}^*)\text{。}$$

对任意的 $\boldsymbol{p}\in N(\boldsymbol{p}_0)$，对于对应于 $\boldsymbol{p}$ 的问题(4.1)，$\boldsymbol{z}(\boldsymbol{p})=(\boldsymbol{w}(\boldsymbol{p}),b(\boldsymbol{p}),\boldsymbol{\xi}(\boldsymbol{p}))$为可行解，A，B，C 三类点集合不变，从而起作用集保持不变，即

$$I(\boldsymbol{z}(\boldsymbol{p}),\boldsymbol{p})\equiv I(\boldsymbol{z}^*,\boldsymbol{p}_0)；$$

线性无关性保持成立；$\boldsymbol{z}(\boldsymbol{p})$满足强二阶充分条件，相应乘子为$\boldsymbol{\alpha}(\boldsymbol{p})$。因而 $\boldsymbol{z}(\boldsymbol{p})$为问题(4.1)的孤立最优解，$\boldsymbol{\alpha}(\boldsymbol{p})$为相应的唯一乘子。

(3) 对于 $\boldsymbol{z}(\boldsymbol{p})=(\boldsymbol{w}(\boldsymbol{p}),b(\boldsymbol{p}),\boldsymbol{\xi}(\boldsymbol{p}))$，$\boldsymbol{\alpha}(\boldsymbol{p})$，存在正实数 γ_1，γ_2，使得

$$\begin{cases} \|\boldsymbol{z}(\boldsymbol{p})-\boldsymbol{z}^*\|\leqslant\gamma_1\|\boldsymbol{p}-\boldsymbol{p}_0\|, \\ \|\boldsymbol{\alpha}(\boldsymbol{p})-\boldsymbol{\alpha}^*\|\leqslant\gamma_2\|\boldsymbol{p}-\boldsymbol{p}_0\|. \end{cases} \tag{4.77}$$

(4) 存在存 $\boldsymbol{p}_0$ 的邻域 $N(\boldsymbol{p}_0)$，使得在 $N(\boldsymbol{p}_0)$上，$\phi(\boldsymbol{p})$为一次连续可微，并且有

$$4.1\text{：}\phi(\boldsymbol{p})=L(\boldsymbol{w}(\boldsymbol{p}),b(\boldsymbol{p}),\boldsymbol{\xi}(\boldsymbol{p}),\boldsymbol{\alpha}(\boldsymbol{p}),\boldsymbol{p}), \tag{4.78}$$

$$4.2\text{：}\nabla_{\boldsymbol{p}}\phi(\boldsymbol{p})=\nabla_{\boldsymbol{p}}f+\frac{\partial g}{\partial \boldsymbol{p}}\boldsymbol{\alpha}(\boldsymbol{p}), \tag{4.79}$$

其中，$\boldsymbol{z}(\boldsymbol{p})=(\boldsymbol{w}(\boldsymbol{p})^{\mathrm{T}},b(\boldsymbol{p}),\boldsymbol{\xi}(\boldsymbol{p})^{\mathrm{T}})^{\mathrm{T}}$，$\phi(\boldsymbol{p})=f(\boldsymbol{z}(\boldsymbol{p}),\boldsymbol{p})$。

∇均表示在偏导数意义下的求导运算，并且各函数和导数皆为在点$(\boldsymbol{z}(\boldsymbol{p}),\boldsymbol{\alpha}(\boldsymbol{p}),\boldsymbol{p})$计值。

对比定理 4.2.1 与定理 4.2.13 的假设，定理 4.2.13 不要求 A 类点全部是支持向量，也不要求所对应乘子满足 $0<\alpha_i^*<C_i$，这些假设条件都是对应于严格互补

条件的。但应当指出，在支持向量机的情形，由假设(2)的线性无关性成立，却因为A类含有非支持向量不具有严格互补性的情形是很少见的。比如在二维情形，假设(2)的线性无关性限定了 $t\leqslant 3$，3个点中有非支持向量应是很罕见的，这样，定理4.2.13的用途主要是解决存在 $i\in A, \alpha_i^*=C_i$ 情形破坏严格互补的情况。

本节详细给了线性 C—支持向量分类机的数据扰动分析的理论，下节介绍线性 ν 支持向量分类机数据扰动分析基本定理。

4.3 线性ν-支持向量分类机数据扰动分析基本定理

ν-支持向量分类机的原始问题为

$$
\begin{aligned}
\min_{\boldsymbol{w},b,\boldsymbol{\xi},\rho}\quad & \tau(\boldsymbol{w},b,\boldsymbol{\xi},\rho)=\frac{1}{2}\|\boldsymbol{w}\|^2-\nu\rho+\frac{1}{m}\sum_{i=1}^m\xi_i \\
\text{s.t.}\quad & g_i(\boldsymbol{w},b,\boldsymbol{\xi},\rho)=-y_i(\boldsymbol{x}_i\cdot\boldsymbol{w}+b)-\xi_i+\rho\leqslant 0,\quad i=1,2,\cdots,m, \\
& g_{m+i}(\boldsymbol{w},b,\boldsymbol{\xi},\rho)=-\xi_i\leqslant 0,\quad i=1,2,\cdots,m, \\
& g_{2m+1}(\boldsymbol{w},b,\boldsymbol{\xi},\rho)=-\rho\leqslant 0。
\end{aligned}
\tag{4.80}
$$

问题(4.80)的沃尔夫对偶为

$$
\begin{aligned}
\max_{\boldsymbol{w},b,\boldsymbol{\xi},\rho,\boldsymbol{\alpha}}\quad & W(\boldsymbol{\alpha})=\frac{1}{2}\|\boldsymbol{w}\|^2-\nu\rho+\frac{1}{m}\sum_{i=1}^m\xi_i+\sum_{i=1}^m\alpha_i(-y_i(\boldsymbol{w}\cdot\boldsymbol{x}_i+b)-\xi_i+\rho)+ \\
& \qquad \sum\alpha_{i+m}(-\xi_i)+\alpha_{2m+1}(-\rho) \\
\text{s.t.}\quad & \boldsymbol{w}=\sum_{i=1}^m\alpha_i y_i\boldsymbol{x}_i, \\
& \sum_{i=1}^m\alpha_i y_i=0, \\
& \alpha_i+\alpha_{i+m}=\frac{1}{m},\quad i=1,2,\cdots,m, \\
& \sum_{i=1}^m\alpha_i-\alpha_{2m+1}=\nu, \\
& \alpha_i\geqslant 0,\quad i=1,2,\cdots,2m+1。
\end{aligned}
\tag{4.81}
$$

把问题(4.81)的约束条件代入到目标函数中去，具体得到ν-支持向量分类机的对偶问题：

$$\begin{aligned} \max_{\boldsymbol{\alpha}} \quad & W(\boldsymbol{\alpha}) = -\frac{1}{2}\sum_{i,j=1}^{m}\alpha_i\alpha_j y_i y_j (\boldsymbol{x}_i \cdot \boldsymbol{x}_j) \\ \text{s.t.} \quad & \sum_{i=1}^{m}\alpha_i y_i = 0, \\ & 0 \leqslant \alpha_i \leqslant \frac{1}{m}, \quad i = 1,2,\cdots,m, \\ & \sum_{i=1}^{m}\alpha_i \geqslant \nu。 \end{aligned} \tag{4.82}$$

问题(4.80)解的二阶充分条件是问题(4.82)解对应起作用约束的梯度线性无关的条件。针对模型(4.80),其解满足二阶充分条件的结论为定理4.3.1。

定理4.3.1 设$(\boldsymbol{w}^*,b^*,\boldsymbol{\xi}^*,\rho^*)$为问题(4.80)的最优解,对应的乘子为$\alpha_1^*$,$\alpha_2^*,\cdots,\alpha_{2m}^*$,若存在$i\in A, y_i=1$; $j\in A, y_j=-1$,使$0<\alpha_i^*<\frac{1}{m}$,$0<\alpha_j^*<\frac{1}{m}$,则$(\boldsymbol{w}^*,b^*,\boldsymbol{\xi}^*,\rho^*)$满足二阶充分条件。

证明 由于$(\boldsymbol{w}^*,b^*,\boldsymbol{\xi}^*,\rho^*)$是原始问题(4.80)的最优解,所以对偶问题(4.82)存在$\boldsymbol{\alpha}^*=(\alpha_1^*,\alpha_2^*,\cdots,\alpha_{2m}^*)^{\mathrm{T}}\geqslant\boldsymbol{0}$,使得下述各式成立:

$$\boldsymbol{w}^* - \sum_{i=1}^{m}\alpha_i^* y_i \boldsymbol{x}_i = \boldsymbol{0}, \tag{4.83}$$

$$\sum_{i=1}^{m}\alpha_i^* y_i = 0, \tag{4.84}$$

$$\frac{1}{m} - \alpha_i^* - \alpha_{m+i}^* = 0, \quad i = 1,2,\cdots,m, \tag{4.85}$$

$$\sum_{i=1}^{m}\alpha_i - \alpha_{2m+1} - \nu = 0, \tag{4.86}$$

$$\alpha_i^*[-y_i(\boldsymbol{w}^* \cdot \boldsymbol{x}_i + b^*) - \xi_i^* + 1] = 0, \quad i = 1,2,\cdots,m, \tag{4.87}$$

$$\alpha_{m+i}^*(-\xi_i^*) = 0, \quad i = 1,2,\cdots,m, \tag{4.88}$$

$$\alpha_{2m+1}^*(-\rho_i^*) = 0。 \tag{4.89}$$

注意到

$$L(\boldsymbol{w},b,\boldsymbol{\xi},\rho) = \tau(\boldsymbol{w},b,\boldsymbol{\xi},\rho) + \sum_{i=1}^{2m+1}\alpha_i^* g_i(\boldsymbol{w},b,\boldsymbol{\xi},\rho), \tag{4.90}$$

以及

$$Z = \{\boldsymbol{z} \in \mathbb{R}^{n+2+m} \mid \boldsymbol{z}^{\mathrm{T}}\nabla g_i(\boldsymbol{w}^*,b^*,\boldsymbol{\xi}^*,\rho^*) \leqslant 0, i \in I;\ \boldsymbol{z}^{\mathrm{T}}\nabla g_i(\boldsymbol{w}^*,b^*,\boldsymbol{\xi}^*,\rho^*) = 0, i \in I_+\}, \tag{4.91}$$

其中$I_+=\{i\in I \mid \alpha_i^*>0\}$。

对于任意的 $\boldsymbol{z}\in Z,\boldsymbol{z}\neq\boldsymbol{0}$，有

$$\boldsymbol{z}^{\mathrm{T}}\,\nabla^2 L(\boldsymbol{w}^*,b^*,\boldsymbol{\xi}^*)\boldsymbol{z}>0。\tag{4.92}$$

先验证这一结论。因为$(\boldsymbol{w}^*,b^*,\boldsymbol{\xi}^*,\rho^*)$为问题(4.80)的最优解，对应的乘子为 $\alpha_1^*,\alpha_2^*,\cdots,\alpha_{2m}^*$，问题(4.80)为凸二次规划，所以$(\boldsymbol{w}^*,b^*,\boldsymbol{\xi}^*,\rho^*)$为问题(4.80)的 KKT 点，即$\boldsymbol{\alpha}^*=(\alpha_1^*,\alpha_2^*,\cdots,\alpha_{2m}^*)^{\mathrm{T}}\geqslant\boldsymbol{0}$，使 KT 条件(4.83)～(4.89)成立，由$L(\boldsymbol{w},b,\xi,\rho)$的表达式(4.90)得

$$\nabla^2 L(\boldsymbol{w}^*,b^*,\boldsymbol{\xi}^*,\rho^*)=\begin{pmatrix}1&\cdots&0&0&\cdots&0\\ \vdots&\ddots&\vdots&\vdots&&\vdots\\ 0&\cdots&1&0&\cdots&0\\ 0&\cdots&0&0&\cdots&0\\ \vdots&&&\vdots&&\vdots\\ 0&\cdots&0&0&\cdots&0\end{pmatrix}_{(n+2+m)\times(n+2+m)},$$

(左上角为 n 阶单位矩阵，其他位置全为零)，对任意的 $\boldsymbol{z}=(z_1,z_2,\cdots,z_{n+1},z_{n+2},\cdots,z_{n+1+m},z_{n+2+m})^{\mathrm{T}}$，都有

$$\boldsymbol{z}^{\mathrm{T}}\,\nabla^2 L(\boldsymbol{w}^*,b^*,\boldsymbol{\xi}^*,\rho^*)\boldsymbol{z}=z_1^2+z_2^2+\cdots+z_n^2。\tag{4.93}$$

下面用反证法证明对任意的 $\boldsymbol{z}\in Z,\boldsymbol{z}\neq\boldsymbol{0}$，若 $z_1,z_2,\cdots,z_n$ 全为零，则 $z_{n+1}=z_{n+2}=\cdots=z_{n+2+m}=0$，这与 $\boldsymbol{z}\neq\boldsymbol{0}$ 矛盾。

我们考虑集合 Z 的构造，由引理 4.1.1 中的式(4.3)得到所有起作用约束对应的梯度为

$$\nabla g_i(\boldsymbol{w},b,\boldsymbol{\xi})=\begin{pmatrix}-y_i\boldsymbol{x}_i\\ -y_i\\ -\boldsymbol{e}_i\\ 1\end{pmatrix},\quad i=1,2,\cdots,t,s+1,\cdots,m,\tag{4.94}$$

$$\nabla g_{m+i}(\boldsymbol{w},b,\boldsymbol{\xi})=\begin{pmatrix}\boldsymbol{0}\\ 0\\ -\boldsymbol{e}_i\\ 0\end{pmatrix},\quad i=1,2,\cdots,s。\tag{4.95}$$

对于 $i\in A$，在 $z_1,z_2,\cdots,z_n$ 全为零的假设下，满足

$$\begin{aligned}\boldsymbol{z}^{\mathrm{T}}\,\nabla g_i&=(z_1,z_2,\cdots,z_{n+1},z_{n+2},\cdots,z_{n+1+m},z_{n+m+2})\begin{pmatrix}-y_i\boldsymbol{x}_i\\ -y_i\\ -\boldsymbol{e}_i\\ 1\end{pmatrix}\\ &=-z_{n+1}y_i+z_{n+1+i}(-1)+z_{n+m+2}\leqslant 0,\end{aligned}\tag{4.96}$$

及

$$\boldsymbol{z}^{\mathrm{T}} \nabla g_{m+i} = (z_1, z_2, \cdots, z_{n+1}, z_{n+2}, \cdots, z_{n+1+m}, z_{n+2+m}) \begin{pmatrix} \boldsymbol{0} \\ 0 \\ -\boldsymbol{e}_i \\ 0 \end{pmatrix} = z_{n+1+i}(-1) \leqslant 0。 \tag{4.97}$$

由假设知存在 $i \in A, y_i = 1$; $j \in A, y_j = -1$,使 $0 < \alpha_i^* < \dfrac{1}{m}, 0 < \alpha_j{}^* < \dfrac{1}{m}$,由式(4.85),有 $\alpha_{m+i}^* = \dfrac{1}{m} - \alpha_i^* > 0, \alpha_{m+j}^* = \dfrac{1}{m} - \alpha_j^* > 0$,因而有 $i, j \in I_+$ 和 $m+i, m+j \in I_+$,对此 i,j,式(4.96)、式(4.97)都应取等号,由此得到 $z_{n+1+i} = z_{n+1+j} = 0$,以及

$$z_{n+1} = 0, \tag{4.98}$$

$$z_{n+2+m} = 0。 \tag{4.99}$$

不妨设对于 $i = 1, 2, \cdots, t_1 \leqslant t$,有 $\alpha_i^* > 0$,即 $\boldsymbol{x}_i$ 为支持向量,式(4.96)以等号成立,结合式(4.98),式(4.99),得出 $z_{n+1+i} = 0 (i = 1, 2, \cdots, t_1)$,对于 $i = t_1 + 1, \cdots, t$ 有 $\alpha_i^* = 0$,由式(4.85)得到 $\alpha_{i+m}^* = \dfrac{1}{m}, \forall i \in I_+$,式(4.97)取等号,由此得到 $z_{n+1+i} = 0$,此时可以得到 $z_{n+1+i} = 0 (i = t_1 + 1, \cdots, t)$。这样便得到了

$$z_{n+1+1} = z_{n+1+2} = \cdots = z_{n+1+t}。 \tag{4.100}$$

对于 $i \in B, i = t+1, t+2, \cdots, s, \alpha_i^* = 0, \xi_i^* = 0, \alpha_{i+m}^* = \dfrac{1}{m} > 0$,知 $m + i \in I_+$,$\forall i \in I_+$,都有

$$\boldsymbol{z}^{\mathrm{T}} \nabla g_{m+i} = (z_1, z_2, \cdots, z_{n+1}, z_{n+2}, \cdots, z_{n+2+m}) \begin{pmatrix} \boldsymbol{0} \\ 0 \\ -\boldsymbol{e}_i \\ 0 \end{pmatrix} = z_{n+1+i}(-1) = 0。$$

此时可以得到 $z_{n+1+i} = 0$,这样便得到

$$z_{n+1+t+1} = z_{n+1+t+2} = \cdots = z_{n+1+s}。 \tag{4.101}$$

对于 $i \in C, i = s+1, s+2, \cdots, m, \xi_i^* > 0, \alpha_{i+m}^* = 0, \alpha_i^* = \dfrac{1}{m} - \alpha_{m+i}^* = \dfrac{1}{m} > 0$,知 $i \in I_+$,$\forall i \in I_+$,都有

$$\begin{aligned} \boldsymbol{z}^{\mathrm{T}} \nabla g_i &= (z_1, z_2, \cdots, z_{n+1}, z_{n+2}, \cdots, z_{n+1+m}, z_{n+2+m}) \begin{pmatrix} -y_i \boldsymbol{x}_i \\ -y_i \\ -\boldsymbol{e}_i \\ 1 \end{pmatrix} \\ &= -z_{n+1} y_i + z_{n+1+i}(-1) + z_{n+2+m} = 0。 \end{aligned} \tag{4.102}$$

由于式(4.98)、式(4.99),此时可以得到 $z_{n+1+i}=0$。这样便得到了

$$z_{n+1+s+1}=z_{n+1+s+2}=\cdots=z_{n+1+m}。\tag{4.103}$$

综合式(4.98)~式(4.103),我们可以得到若 $\boldsymbol{z}\in Z, z_1=z_2=\cdots=z_n=0$,则 $z_{n+1}=z_{n+2}=\cdots=z_{n+2+m}=0$,这与 $\boldsymbol{z}\neq\boldsymbol{0}$ 矛盾。而当 $\boldsymbol{z}\neq\boldsymbol{0}$ 时,必有 $z_1,z_2,\cdots,z_n$ 不全为零,故有 $\boldsymbol{z}^{\mathrm{T}}\nabla^2L(\boldsymbol{w}^*,b^*,\boldsymbol{\xi}^*,\rho^*)\boldsymbol{z}=z_1^2+z_2{}^2+\cdots+z_n^2>0$,即$(\boldsymbol{w}^*,b^*,\boldsymbol{\xi}^*,\rho^*)$满足二阶充分条件。

证毕

相应地,关于数据误差对问题(4.80)解的影响有如下定理。

定理 4.3.2 设 $\boldsymbol{z}^*=(\boldsymbol{w}^*,b^*,\boldsymbol{\xi}^*,\rho^*)$为问题(4.80)在 $\boldsymbol{p}=\boldsymbol{p}_0$ 的最优解,对应的拉格朗日乘子为$\boldsymbol{\alpha}^*=(\alpha_1^*,\alpha_2^*,\cdots,\alpha_{2m}^*)^{\mathrm{T}}\geqslant\boldsymbol{0}$,假设:

(1) A 类的输入 $\boldsymbol{x}_1,\boldsymbol{x}_2,\cdots,\boldsymbol{x}_t$ 分为正负两类,且全为支持向量,且对应的乘子 $\alpha_i<\dfrac{1}{m}(i=1,2,\cdots,t)$。

(2) 向量组 $\begin{pmatrix}y_1\boldsymbol{x}_1\\ y_1\end{pmatrix},\begin{pmatrix}y_2\boldsymbol{x}_2\\ y_2\end{pmatrix},\cdots,\begin{pmatrix}y_t\boldsymbol{x}_t\\ y_t\end{pmatrix}$线性无关。

则有下面的结论:

(1) $(\boldsymbol{w}^*,b^*,\boldsymbol{\xi}^*,\rho^*)$为问题(4.80)在 $\boldsymbol{p}=\boldsymbol{p}_0$ 的孤立最优解,并且对应的拉格朗日乘子$\boldsymbol{\alpha}^*=(\alpha_1^*,\alpha_2^*,\cdots,\alpha_{2m}^*)^{\mathrm{T}}\geqslant\boldsymbol{0}$ 是唯一的。

(2) 存在 $\boldsymbol{p}_0$ 的邻域 $N(\boldsymbol{p}_0)$,在 $N(\boldsymbol{p}_0)$上存在唯一连续可微函数 $\boldsymbol{y}(\boldsymbol{p})=(\boldsymbol{w}(\boldsymbol{p}),b(\boldsymbol{p}),\boldsymbol{\xi}(\boldsymbol{p}),\rho(\boldsymbol{p}),\boldsymbol{\alpha}(\boldsymbol{p}))$,使得:①$\boldsymbol{y}(\boldsymbol{p}_0)=(\boldsymbol{w}^*,b^*,\boldsymbol{\xi}^*,\rho^*,\boldsymbol{\alpha}^*)=(\boldsymbol{z}^*,\boldsymbol{\alpha}^*)$;②对任意的 $\boldsymbol{p}\in N(\boldsymbol{p}_0)$,对应于 $\boldsymbol{p}$ 的问题(4.80),$\boldsymbol{z}(\boldsymbol{p})=(\boldsymbol{w}(\boldsymbol{p}),b(\boldsymbol{p}),\boldsymbol{\xi}(\boldsymbol{p}),\rho(\boldsymbol{p}))$为孤立最优解;

(3) $\boldsymbol{y}(\boldsymbol{p})=(\boldsymbol{w}(\boldsymbol{p}),b(\boldsymbol{p}),\boldsymbol{\xi}(\boldsymbol{p}),\rho(\boldsymbol{p}),\boldsymbol{\alpha}(\boldsymbol{p}))$的偏导数满足

$$\boldsymbol{M}(\boldsymbol{p})\begin{pmatrix}\left(\dfrac{\partial\boldsymbol{w}}{\partial\boldsymbol{p}}\right)^{\mathrm{T}}\\ \left(\dfrac{\partial b}{\partial\boldsymbol{p}}\right)^{\mathrm{T}}\\ \left(\dfrac{\partial\boldsymbol{\xi}}{\partial\boldsymbol{p}}\right)^{\mathrm{T}}\\ \left(\dfrac{\partial\rho}{\partial\boldsymbol{p}}\right)^{\mathrm{T}}\\ \left(\dfrac{\partial\boldsymbol{\alpha}}{\partial p}\right)^{\mathrm{T}}\end{pmatrix}=\boldsymbol{M}_1(\boldsymbol{p}),\tag{4.104}$$

其中

$$\boldsymbol{M}(\boldsymbol{p})=\begin{pmatrix}\nabla^2 L & \nabla g_1(\boldsymbol{w},b,\boldsymbol{\xi},\rho) & \cdots & \nabla g_{2m+1}(\boldsymbol{w},b,\boldsymbol{\xi},\rho)\\ \alpha_1\nabla g_1(\boldsymbol{w},b,\boldsymbol{\xi},\rho)^{\mathrm{T}} & g_1(\boldsymbol{w},b,\boldsymbol{\xi},\rho) & \cdots & \boldsymbol{0}\\ \vdots & & \ddots & \vdots\\ \alpha_{2m+1}\nabla g_{2m+1}(\boldsymbol{w},b,\boldsymbol{\xi},\rho)^{\mathrm{T}} & \boldsymbol{0} & \cdots & g_{2m+1}(\boldsymbol{w},b,\boldsymbol{\xi},\rho)\end{pmatrix},\tag{4.105}$$

$$\boldsymbol{M}_1(\boldsymbol{p})=-\left[\frac{\partial(\nabla_z L)}{\partial\boldsymbol{p}},\alpha_1\nabla_{p}g_1,\cdots,\alpha_{2m+1}\nabla_{p}g_{2m+1}\right]^{\mathrm{T}}。\tag{4.106}$$

特别有

$$\boldsymbol{M}(\boldsymbol{p}_0)\begin{pmatrix}\left(\dfrac{\partial\boldsymbol{w}}{\partial\boldsymbol{p}}\right)^{\mathrm{T}}\\ \left(\dfrac{\partial b}{\partial\boldsymbol{p}}\right)^{\mathrm{T}}\\ \left(\dfrac{\partial\xi}{\partial\boldsymbol{p}}\right)^{\mathrm{T}}\\ \left(\dfrac{\partial\rho}{\partial\boldsymbol{p}}\right)^{\mathrm{T}}\\ \left(\dfrac{\partial\boldsymbol{\alpha}}{\partial\boldsymbol{p}}\right)^{\mathrm{T}}\end{pmatrix}_{\boldsymbol{p}=\boldsymbol{p}_0}=\boldsymbol{M}_1(\boldsymbol{p}_0)。\tag{4.107}$$

通过定理4.3.2中的式(4.107),我们可以求得模型(4.80)的解关于当前训练数据的偏导数,利用偏导数可以得到数据误差对解的影响,以及数据发生微小变化时,给出变化后数据对应解的一阶近似关系。下面给出线性C-支持向量分类机数据扰动理论的实现步骤及理论的应用价值。

4.4 加权线性支持向量分类机数据扰动分析算法

考虑一个分类问题,已知训练集 $T=\{(\boldsymbol{x}_1,y_1),(\boldsymbol{x}_2,y_2),\cdots,(\boldsymbol{x}_m,y_m)\}\in(X\times Y)^m$,$\boldsymbol{x}_i\in X=\mathbb{R}^n$,$y_i\in Y=\{-1,1\}$,$i=1,2,\cdots,m$。

用加权线性支持向量机去分类,得到加权线性支持向量分类机原始问题:

$$\begin{aligned}\min_{\boldsymbol{w},b,\boldsymbol{\xi}}\quad & f(\boldsymbol{w},b,\boldsymbol{\xi})=\frac{1}{2}\|\boldsymbol{w}\|^2+\sum_{i=1}^{m}C_i\xi_i\\ \text{s.t.}\quad & g_i(\boldsymbol{w},b,\boldsymbol{\xi})=-y_i(\boldsymbol{x}_i\cdot\boldsymbol{w}+b)-\xi_i+1\leqslant 0,\quad i=1,2,\cdots,m,\\ & g_{m+i}(\boldsymbol{w},b,\boldsymbol{\xi})=-\xi_i\leqslant 0,\quad i=1,2,\cdots,m,\end{aligned}$$

其中 $(\boldsymbol{x}_i,y_i)\in\mathbb{R}^n\times\{-1,+1\}$。

通过适当的求解方法(公式)、按照公式一步步迭代求得判决函数 $f(\boldsymbol{x})=\boldsymbol{w}\cdot\boldsymbol{x}+b$,使用4.2节给出的数据扰动分析理论,首先可以得到 $\boldsymbol{w},b$ 对数据参数 $\boldsymbol{p}$

在 $\boldsymbol{p}_0$ 点处的偏导数。具体参见下面给出的数据扰动分析算法的步骤。

4.4.1 数据扰动分析算法

(0) 固定 $\boldsymbol{p}=\boldsymbol{p}_0$ 参数。

(1) 求解线性支持向量机模型的对偶问题：

$$\begin{aligned}&\max_{\boldsymbol{\alpha}}\quad W(\boldsymbol{\alpha})=\sum_{i=1}^{m}\alpha_i-\frac{1}{2}\sum_{i,j=1}^{m}\alpha_i\alpha_j y_i y_j(\boldsymbol{x}_i\cdot\boldsymbol{x}_j)\\&\text{s.t.}\quad \sum_{i=1}^{m}\alpha_i y_i=0,\\&\qquad\quad C_i\geqslant\alpha_i\geqslant 0,\quad i=1,2,\cdots,m\end{aligned}\tag{4.108}$$

得最优解$\boldsymbol{\alpha}^*=(\alpha_1^*,\alpha_2^*,\cdots,\alpha_m^*)^{\mathrm{T}}$。

(2) 由 KT 条件求出解：

$$\boldsymbol{w}^*=\sum_{i=1}^{m}\alpha_i^* y_i\boldsymbol{x}_i,b^*=y_i-\boldsymbol{w}^*\cdot\boldsymbol{x}_i=y_i-\sum_{j=1}^{m}\alpha_j^* y_i(\boldsymbol{x}_j\cdot\boldsymbol{x}_i)(C_i>\alpha_i^*>0)$$

可以得到线性支持向量机模型：

$$\begin{aligned}&\min_{\boldsymbol{w},b,\boldsymbol{\xi}}\quad f(\boldsymbol{w},b,\boldsymbol{\xi})=\frac{1}{2}\|\boldsymbol{w}\|^2+\sum_{i=1}^{m}C_i\xi_i\\&\text{s.t.}\quad g_i(\boldsymbol{w},b,\boldsymbol{\xi})=-y_i(\boldsymbol{x}_i\cdot\boldsymbol{w}+b)-\xi_i+1\leqslant 0,\quad i=1,2,\cdots,m,\\&\qquad\quad g_{m+i}(\boldsymbol{w},b,\boldsymbol{\xi})=-\xi_i\leqslant 0,\quad i=1,2,\cdots,m\end{aligned}\tag{4.109}$$

的最优解 $\boldsymbol{w}^*,b^*,\boldsymbol{\xi}^*$。

(3) 具体把 $\boldsymbol{w}^*,b^*,\boldsymbol{\xi}^*$ 代入到模型(4.108)中，按照 4.1 节中给定的定义把训练集数据分为 A,B,C 三类。

(4) 求解偏导数方程。写出偏导数方程的系数矩阵 $\boldsymbol{M}(\boldsymbol{p})$，方阵的阶数为 $n+1+3m$，具体为

$$\boldsymbol{M}(\boldsymbol{p})=\begin{pmatrix}\boldsymbol{I}_{n\times n} & \boldsymbol{0}_{n\times 1} & \boldsymbol{0}_{n\times m} & \boldsymbol{V}_1 & \boldsymbol{0}_{n\times m}\\ \boldsymbol{0}_{1\times n} & 0 & \boldsymbol{0}_{1\times m} & \boldsymbol{V}_2 & \boldsymbol{0}_{1\times m}\\ \boldsymbol{0}_{m\times n} & \boldsymbol{0}_{m\times 1} & \boldsymbol{0}_{m\times m} & \boldsymbol{V}_3 & -\boldsymbol{I}_{m\times m}\\ \boldsymbol{V}_4 & \boldsymbol{v}_5 & \boldsymbol{V}_6 & \boldsymbol{V}_7 & \boldsymbol{0}_{m\times m}\\ \boldsymbol{0}_{m\times n} & \boldsymbol{0}_{m\times 1} & \boldsymbol{V}_8 & \boldsymbol{0}_{m\times m} & \boldsymbol{V}_9\end{pmatrix},$$

其中

$\boldsymbol{V}_1=(-y_1\boldsymbol{x}_1\ \cdots\ -y_m\boldsymbol{x}_m)_{n\times m}$，$\boldsymbol{v}_2=(-y_1\ \cdots\ -y_m)_{1\times m}$，$\boldsymbol{V}_3=(-\boldsymbol{e}_1\ \cdots\ -\boldsymbol{e}_m)_{m\times m}$，

$\boldsymbol{V}_4^{\mathrm{T}}=(-\alpha_1^* y_1\boldsymbol{x}_1\ \cdots\ -\alpha_m^* y_m\boldsymbol{x}_m)_{n\times m}$，$\boldsymbol{v}_5^{\mathrm{T}}=(-\alpha_1^* y_1\ \cdots\ -\alpha_m^* y_m)_{1\times m}$，

$\boldsymbol{V}_6=(-\alpha_1^*\boldsymbol{e}_1\ \cdots\ -\alpha_m^*\boldsymbol{e}_m)_{m\times m}$，

$\boldsymbol{V}_7=[(-y_1\boldsymbol{w}\cdot\boldsymbol{x}_1-y_1 b+1-\xi_1)\boldsymbol{e}_1,\cdots,(-y_m\boldsymbol{w}\cdot\boldsymbol{x}_m-y_m b+1-\xi_m)\boldsymbol{e}_1]_{m\times m}$，

$\boldsymbol{V}_8=[-(C_1-\alpha_1^*)\boldsymbol{e}_1 \cdots -(C_m-\alpha_m^*)\boldsymbol{e}_m]_{m\times n}$，$\boldsymbol{V}_9=(-\xi_1\boldsymbol{e}_1 \cdots -\xi_m\boldsymbol{e}_m)_{m\times m}$。

当 $p=\mathbb{R}^1$ 时，以 $p=[x_1]_1$ 为例，$\boldsymbol{M}_1(p)=-[\dfrac{\partial(\nabla_z L)}{\partial p},\alpha_1\nabla_p g_1,\cdots,\alpha_{2m}\nabla_p g_{2m}]^{\mathrm{T}}$ 具体为

$$\boldsymbol{M}_1(p)=-\begin{pmatrix} -\alpha_1 y_1 \\ 0 \\ \vdots \\ 0 \\ -\alpha_1 y_1 w_1 \\ 0 \\ \vdots \\ 0 \end{pmatrix}_{(n+1+3m)\times 1}。$$

当 $p=[x_i]_1$，$i=1,2,\cdots,m$，即取数据的第一分量 $M_1(p)=-\left[\dfrac{\partial(\nabla_z L)}{\partial p},\alpha_1\nabla_p g_1,\cdots,\alpha_{2m}\nabla_p g_{2m}\right]^{\mathrm{T}}$，其阶数具体为

$$\boldsymbol{M}_1(p)=-\begin{pmatrix} -\alpha_1 y_1 & 0 & \cdots & 0 & 0 & \cdots & 0 & -\alpha_1 y_1 w_1 & 0 & \cdots & 0 & 0 & 0 & 0 \\ -\alpha_2 y_2 & 0 & \cdots & 0 & 0 & \cdots & 0 & 0 & -\alpha_2 y_2 w_1 & \cdots & 0 & 0 & 0 & 0 \\ \vdots & \vdots & \cdots & \vdots & \vdots & \cdots & \vdots & \vdots & \vdots & \ddots & \vdots & & \ddots & \\ -\alpha_m y_m & 0 & \cdots & 0 & 0 & \cdots & 0 & 0 & 0 & \cdots & -\alpha_m y_m w_1 & 0 & 0 & 0 \end{pmatrix}^{\mathrm{T}}。$$

当 $p=[x_i]_j$，$i=1,2,\cdots,m$，$j=1,2,\cdots,n$，$\boldsymbol{M}_1(p)=-\left[\dfrac{\partial(\nabla_z L)}{\partial p},\alpha_1\nabla_p g_1,\cdots,\alpha_{2m}\nabla_p g_{2m}\right]^{\mathrm{T}}$，具体为

$$\boldsymbol{M}_1(p)=-\begin{pmatrix} -\alpha_1 y_1 & 0 & \cdots & 0 & 0 & 0 & \cdots & 0 & -\alpha_1 y_1 w_1 & 0 & \cdots & 0 & 0 & 0 & 0 \\ 0 & -\alpha_1 y_1 & & 0 & 0 & 0 & & 0 & -\alpha_1 y_2 w_2 & 0 & & 0 & 0 & 0 & 0 \\ \vdots & \vdots & & \vdots & & & & & \vdots & \vdots & & & & & \\ 0 & 0 & & -\alpha_1 y_1 & 0 & 0 & \cdots & 0 & -\alpha_1 y_n w_n & 0 & & 0 & 0 & 0 & 0 \\ -\alpha_2 y_2 & 0 & & 0 & 0 & 0 & \cdots & 0 & 0 & -\alpha_2 y_1 w_1 & & 0 & 0 & 0 & 0 \\ 0 & -\alpha_2 y_2 & & 0 & 0 & 0 & \cdots & 0 & 0 & -\alpha_2 y_2 w_2 & & 0 & 0 & 0 & 0 \\ \vdots & \vdots & & \vdots & \vdots & & & & & \vdots & & & & & \\ 0 & 0 & & -\alpha_2 y_2 & 0 & 0 & & 0 & 0 & -\alpha_2 y_n w_n & & 0 & 0 & 0 & 0 \\ \vdots & \vdots & & \vdots & & & & & & & & & & & \\ -\alpha_m y_m & 0 & & 0 & 0 & 0 & & 0 & 0 & 0 & & -\alpha_m y_1 w_1 & 0 & 0 & 0 \\ 0 & -\alpha_m y_m & & 0 & 0 & 0 & & 0 & 0 & 0 & & -\alpha_m y_2 w_2 & 0 & 0 & 0 \\ \vdots & \vdots & & \vdots & & & & & & & & & & & \\ 0 & 0 & & -\alpha_m y_m & 0 & 0 & & 0 & 0 & 0 & & -\alpha_m y_n w_n & 0 & 0 & 0 \end{pmatrix}。$$

通过求解线性方程组

$$\boldsymbol{M}(p)\begin{pmatrix}\left(\dfrac{\partial \boldsymbol{w}}{\partial p}\right)^{\mathrm{T}}\\ \left(\dfrac{\partial b}{\partial p}\right)^{\mathrm{T}}\\ \left(\dfrac{\partial \boldsymbol{\xi}}{\partial p}\right)^{\mathrm{T}}\\ \left(\dfrac{\partial \boldsymbol{\alpha}}{\partial p}\right)^{\mathrm{T}}\end{pmatrix}=\boldsymbol{M}_1(p),$$

计算偏导数$\dfrac{\partial \boldsymbol{w}}{\partial p}=\left(\dfrac{\partial w_1}{\partial p},\dfrac{\partial w_2}{\partial p},\cdots,\dfrac{\partial w_n}{\partial p}\right)^{\mathrm{T}},\dfrac{\partial b}{\partial p}$。如果可解($\boldsymbol{M}(p)$非奇异)得到偏导数后转(6),否则有 $\boldsymbol{M}(p)$奇异,转(5)。

(5) 检验寻找导致 $\boldsymbol{M}(p)$奇异的原因:

(5.1) 若 A 类中存在一个乘子小于 C_i 的支持向量,则($\boldsymbol{w}^*,b^*,\boldsymbol{\xi}^*$)满足二阶充分条件。

(5.2) 验证严格互补条件:A 类点($\boldsymbol{x}_i,y_i$)对应的乘子是否大于零,小于 C_i。若成立,转(5.3)否则分两种情况:A 类点($\boldsymbol{x}_i,y_i$)对应的乘子为零,A 类点($\boldsymbol{x}_i,y_i$)对应的乘子等于 C_i;若($\boldsymbol{x}_i,y_i$)对应的乘子为零,去掉($\boldsymbol{x}_i,y_i$)以及相对应的约束条件,转(5.3)。若点($\boldsymbol{x}_i,y_i$)对应的乘子等于 C_i,则定理 4.2.1 的条件不满足,算法停止。

(5.3) 验证 A 类中支持向量梯度是否线性无关:验证 A 类中支持向量对应的约束梯度是否线性无关,否则按照定理 4.2.5 找出无关组。按照无关组重新构造矩阵 $\boldsymbol{M}(p)$,$\boldsymbol{M}_1(p)$转(4)。

4.4.2 数据扰动分析算法的应用

应用 1 对于给定的训练数据,我们成功求得了决策函数 $f(\boldsymbol{x})=\boldsymbol{w}\cdot\boldsymbol{x}+b$,并对一个测试数据 $\boldsymbol{x}$,计算出决策函数值 $f(\boldsymbol{x})$,将此函数值视为通过 $\boldsymbol{w},b$ 而依赖于数据参数 $\boldsymbol{p}$ 的函数。以向量 $\Delta\boldsymbol{p}$ 表示测试数据误差上限,真值落入区间($p-\|\Delta\boldsymbol{p}\|,p+\|\Delta\boldsymbol{p}\|$),通过数据扰动分析算法,可以计算决策函数对数据的偏导数$\nabla_{\boldsymbol{p}}f(\boldsymbol{x},\boldsymbol{p})=\left(\dfrac{\partial \boldsymbol{w}}{\partial \boldsymbol{p}}\right)^{\mathrm{T}}\boldsymbol{x}+\dfrac{\partial b}{\partial \boldsymbol{p}}$。依据偏导数,我们就可以计算出 $f(\boldsymbol{x})$的误差的一阶近似值 $\mathrm{d}f=f'(\boldsymbol{p})\mathrm{d}\boldsymbol{p}$,真值决策函数值在区间($f(\boldsymbol{x})-\|\mathrm{d}f\|,f(\boldsymbol{x})+\|\mathrm{d}f\|$)中,如果($f(\boldsymbol{x})-\|\mathrm{d}f\|,f(\boldsymbol{x})+\|\mathrm{d}f\|$)不包含零,则依据决策函数值 $f(\boldsymbol{x})$的正负确定测试数据 $\boldsymbol{x}$ 的类别,否则 $f(\boldsymbol{x})$值的正负难以成为这个测试数据 $\boldsymbol{x}$ 类别的判断。即取 $\varepsilon=\|\mathrm{d}f\|$,当$|f(\boldsymbol{x})|\leqslant\varepsilon$ 时,我们不作判别;当 $f(\boldsymbol{x})>\varepsilon$,我们就把这个测试

数据 $\boldsymbol{x}$ 判断为正类；当 $f(\boldsymbol{x})<-\varepsilon$。我们就把这个测试数据 $\boldsymbol{x}$ 判断为负类。

应用2 数据有某些变化后对应新问题，如果$\frac{\partial w_1}{\partial p},\frac{\partial w_2}{\partial p},\cdots,\frac{\partial w_n}{\partial p},\frac{\partial b}{\partial p}$很小，新问题在此最优解的附近仍然有解，且数据的变化越小，新解同原解越接近，这时可以不用求解数据变化后的问题，就可以定量地给出变化后对应的解的变化对数据的近似依赖关系：

$$\begin{bmatrix}\boldsymbol{w}(p)\\b(p)\\\boldsymbol{\xi}(p)\\\boldsymbol{\alpha}(p)\end{bmatrix}=\begin{bmatrix}\boldsymbol{w}^*\\b^*\\\boldsymbol{\xi}^*\\\boldsymbol{\alpha}^*\end{bmatrix}+\boldsymbol{M}^{*-1}\boldsymbol{M}_1^*(p-p_0)+o(\|p-p_0\|)。$$

应用3 具有提取特征的功能：取 $\boldsymbol{p}=([\boldsymbol{x}_1]_1,[\boldsymbol{x}_2]_1,\cdots,[\boldsymbol{x}_m]_1)$，其中$[\boldsymbol{x}_i]_j$，$i$，$j=1,2,\cdots,m$ 表示向量 $\boldsymbol{x}_i$ 的第 j 个分量，则 $\boldsymbol{p}=\mathbb{R}^m$。计算$\frac{\partial w_1}{\partial \boldsymbol{p}},\frac{\partial w_2}{\partial \boldsymbol{p}},\cdots,\frac{\partial w_n}{\partial \boldsymbol{p}},\frac{\partial b}{\partial \boldsymbol{p}}$，如果$\left\|\left(\frac{\partial w_1}{\partial \boldsymbol{p}},\frac{\partial w_2}{\partial \boldsymbol{p}},\cdots,\frac{\partial w_n}{\partial \boldsymbol{p}},\frac{\partial b}{\partial \boldsymbol{p}}\right)^{\mathrm{T}}\right\|$很小，则认为数据的第一分量变化对目标函数的影响很小。同样当 $\boldsymbol{p}=([\boldsymbol{x}_1]_2,[\boldsymbol{x}_2]_2,\cdots,[\boldsymbol{x}_m]_2)$，计算$\left\|\left(\frac{\partial w_1}{\partial \boldsymbol{p}},\frac{\partial w_2}{\partial \boldsymbol{p}},\cdots,\frac{\partial w_n}{\partial \boldsymbol{p}},\frac{\partial b}{\partial \boldsymbol{p}}\right)^{\mathrm{T}}\right\|$，如此计算每个分量对 $\boldsymbol{w},b$ 的影响，即偏导数$\frac{\partial w_1}{\partial \boldsymbol{p}},\frac{\partial w_2}{\partial \boldsymbol{p}},\cdots,\frac{\partial w_n}{\partial \boldsymbol{p}},\frac{\partial b}{\partial \boldsymbol{p}}$。不妨假设第1分量的模最小，则考虑把第1分量舍弃，这样就起到了特征提取的作用，即在给定的向量型特征中减少分量。另一种方法：还可以考虑给定测试点 $\boldsymbol{x}$，同样可以计算$p=[x_i]_2$，$i=1,2,\cdots,m$，计算它们的微分$\nabla_p f=\left(\frac{\partial f}{\partial p_1},\cdots,\frac{\partial f}{\partial p_s}\right)^{\mathrm{T}}$（向量）的二范数，如果第1分量对应的微分模最小，则认为第一维特征不重要(理由就是对测试点的目标函数值的影响比较小)，去掉。在进行特征提取后，对去掉相应特征后的数据我们可以重新求解，得到新的 $\boldsymbol{w}_1^*$，b_1^*，再进行特征提取。

4.5 数值试验

给定训练样本：$\boldsymbol{x}_1=(0.0,2.0)$，$y_1=-1$；$\boldsymbol{x}_2=(1.5,3.5)$，$y_2=-1$；$\boldsymbol{x}_3=(3.0,1.0)$，$y_3=+1$；输入数据是四舍五入得到的。其数据误差上限为0.05。用训练样本训练，然后对待测试点 $\boldsymbol{x}=(7.1,7.5)$进行预测，得到决策函数值为-0.2，我们原来判断测试点 $\boldsymbol{x}$ 为负类别。给定误差上限 $\mathrm{d}p=0.05$，假设输入数据真值为 $\boldsymbol{x}_1=(0.04,1.95)$，$y_1=-1$；$\boldsymbol{x}_2=(1.45,3.54)$，$y_2=-1$；$\boldsymbol{x}_3=(2.95,1.04)$，$y_3=+1$；然后对待测试点 $\boldsymbol{x}=(7.1,7.5)$进行预测，得到决策函数值为0.2，我们判断

测试点 $\boldsymbol{x}$ 为正类别。由此看到数据误差的存在确实影响了决策函数值。到底测试点 $\boldsymbol{x}$ 为何类别,按照本节的讨论,我们计算数据误差对解的影响,即解 $\boldsymbol{w},b$ 关于数据参数的一阶偏导数$\frac{\partial w_1}{\partial \boldsymbol{p}},\frac{\partial w_2}{\partial \boldsymbol{p}},\cdots,\frac{\partial w_n}{\partial \boldsymbol{p}},\frac{\partial b}{\partial \boldsymbol{p}}$,进一步计算出决策函数的偏导数$\nabla_p f=\left(\frac{\partial f}{\partial p_1},\cdots,\frac{\partial f}{\partial p_s}\right)^{\mathrm{T}}$,得到决策函数值的微分 $\mathrm{d}f=\nabla_p f(\boldsymbol{x},\boldsymbol{p})^{\mathrm{T}}\mathrm{d}\boldsymbol{p}=0.5342$,对这个测试点 $\boldsymbol{x}$,取 $\varepsilon=|\mathrm{d}f|=0.5342$,若 $|f(\boldsymbol{x})|<\varepsilon$,我们对测试点 $\boldsymbol{x}$ 就不进行正类、负类判断;我们可以看出数据误差的存在确实对决策函数值的影响很大。本节对待测试数据点的类别判断不单单依赖于决策函数值,而且给定数据误差上限也要考虑决策函数在测试点处的微分值。

4.6 小结

本章针对线性支持向量分类机的各个模型建立了数据扰动分析基本定理。模型包括加权线性支持向量分类机、ν 线性支持向量分类机、线性可分以及标准的线性支持向量分类机。基本定理给出了在数据点附近解对数据参数的依赖关系、可微以及偏导数求法。同时给出在一个很弱假设条件下,支持向量分类机的解满足二阶充分条件、强二阶充分条件的重要性质。而且当定理条件线性无关不能满足时,本章给出的构造性证明方法可以使得线性无关条件成立。

所建立的数据扰动分析方法有三个方面的应用。利用解以及决策函数对数据参数的偏导数分析数据误差对解以及决策函数值的定量影响,给定数据误差上限,计算决策函数在待测试样本处的微分,通过微分决策待测试样本的类别;在输入数据的各种变化情况下,可以给出其解的近似变化;此外可用于分析支持向量分类机模型中数据的不同分量在决策函数形成中的权重,据此给出了一种特征提取(在既有的向量型特征中减少特征)的方法。

第 5 章

非线性支持向量分类机数据扰动分析

第 4 章线性支持向量分类机模型(原问题)不适宜于那种两类点之间的分隔地带有明显的非线性特征的数据。支持向量分类机模型能表达各种分类数据，支持向量分类机的这种强大分类功能源于把输入空间映射到高维空间，在高维空间使用线性支持向量分类机。具体的实现技巧是引入核函数，核函数恰在对偶问题中出现，所以本章对带有核函数的对偶问题进行了数据扰动分析，建立了支持向量分类机的数据扰动分析方法。

5.1 预备工作

支持向量分类机原始问题：

$$
\begin{aligned}
\min_{w\in H,b\in \mathbb{R},\boldsymbol{\xi}\in \mathbb{R}^m} \quad & f(\bar{\boldsymbol{w}},b,\boldsymbol{\xi}) = \frac{1}{2}\|\bar{\boldsymbol{w}}\|^2 + \sum_{i=1}^{m} C_i\xi_i \\
\text{s.t.} \quad & g_i(\bar{\boldsymbol{w}},b,\boldsymbol{\xi}) = -y_i(\bar{\boldsymbol{x}}_i \cdot \bar{\boldsymbol{w}} + b) - \xi_i + 1 \leqslant 0, \quad i=1,2,\cdots,m, \\
& g_{m+i}(\bar{\boldsymbol{w}},b,\boldsymbol{\xi}) = -\xi_i \leqslant 0, \quad i=1,2,\cdots,m,
\end{aligned}
\tag{5.1}
$$

其中$\bar{\boldsymbol{x}}=\boldsymbol{\phi}(\boldsymbol{x})$。

支持向量分类机原始问题(5.1)的对偶问题为

$$
\begin{aligned}
\max_{\boldsymbol{\alpha}} \quad & W(\boldsymbol{\alpha}) = \sum_{i=1}^{m}\alpha_i - \frac{1}{2}\sum_{i,j=1}^{m}\alpha_i\alpha_j y_i y_j K(\boldsymbol{x}_i,\boldsymbol{x}_j) \\
\text{s.t.} \quad & \sum_{i=1}^{m}\alpha_i y_i = 0, \\
& C_i \geqslant \alpha_i \geqslant 0, \quad i=1,2,\cdots,m,
\end{aligned}
\tag{5.2}
$$

$K(\boldsymbol{x}_i,\boldsymbol{x}_j)=\boldsymbol{\phi}(\boldsymbol{x}_i)\cdot\boldsymbol{\phi}(\boldsymbol{x}_j)$。

为了后面使用上的方便，我们把对偶问题(5.2)写成等价的矩阵形式：

$$
\begin{aligned}
\min_{\boldsymbol{\alpha}} \quad & W(\boldsymbol{\alpha}) = \frac{1}{2}\boldsymbol{\alpha}^{\mathrm{T}}\boldsymbol{H}\boldsymbol{\alpha} - \boldsymbol{e}\cdot\boldsymbol{\alpha} \\
\text{s.t.} \quad & \boldsymbol{\alpha}\cdot\boldsymbol{y} = 0, \\
& \boldsymbol{0} \leqslant \boldsymbol{\alpha} \leqslant \boldsymbol{C},
\end{aligned}
\tag{5.3}
$$

其中 $H_{ij}=y_iy_jK(\boldsymbol{x}_i\cdot\boldsymbol{x}_j)$，$\boldsymbol{e}=(1,1,\cdots,1)^{\mathrm{T}}$，$\boldsymbol{y}=(y_1,y_2,\cdots,y_m)^{\mathrm{T}}$，$\boldsymbol{C}=(C_1,C_2,\cdots,C_m)^{\mathrm{T}}$。

线性支持向量分类机模型(4.1)是支持向量分类机模型(5.1)的特例，即$\boldsymbol{\phi}(\boldsymbol{x})=\boldsymbol{x}$；而对偶问题(5.2)中核函数成为简单的内积 $K(\boldsymbol{x}_i,\boldsymbol{x}_j)=\boldsymbol{x}_i\cdot\boldsymbol{x}_j$。更特殊的线性可分支持向量分类机原始最优化问题为

$$
\begin{aligned}
\min_{\boldsymbol{w},b} \quad & f(\boldsymbol{w},b) = \frac{1}{2}\|\boldsymbol{w}\|^2 \\
\text{s.t.} \quad & g_i(\boldsymbol{w},b) = -y_i(\boldsymbol{x}_i\cdot\boldsymbol{w}+b)+1 \leqslant 0, \quad i=1,2,\cdots,m。
\end{aligned}
\tag{5.4}
$$

其对偶问题为

$$
\begin{aligned}
\max_{\boldsymbol{\alpha}} \quad & W(\boldsymbol{\alpha}) = \sum_{i=1}^{m}\alpha_i - \frac{1}{2}\sum_{i,j=1}^{m}\alpha_i\alpha_jy_iy_j\boldsymbol{x}_i\cdot\boldsymbol{x}_j \\
\text{s.t.} \quad & \sum_{i=1}^{m}\alpha_iy_i = 0, \\
& \alpha_i \geqslant 0, \quad i=1,2,\cdots,m。
\end{aligned}
\tag{5.5}
$$

对偶问题(5.5)的矩阵形式为

$$
\begin{aligned}
\min \quad & W'(\boldsymbol{\alpha}) = \frac{1}{2}\boldsymbol{\alpha}^{\mathrm{T}}\boldsymbol{H}\boldsymbol{\alpha} - \boldsymbol{e}\cdot\boldsymbol{\alpha} \\
\text{s.t.} \quad & \boldsymbol{\alpha}\cdot\boldsymbol{y} = 0, \\
& -\boldsymbol{\alpha} \leqslant 0,
\end{aligned}
\tag{5.6}
$$

其中 $H_{ij}=y_iy_j(\boldsymbol{x}_i\cdot\boldsymbol{x}_j)$，$\boldsymbol{e}=(1,1,\cdots,1)^{\mathrm{T}}$，$\boldsymbol{y}=(y_1,y_2,\cdots,y_m)^{\mathrm{T}}$。

仍然沿用第 4 章 A,B,C 三类点的叫法和下标集合符号，关于对偶问题(5.2)的起作用集为

$$
I(\alpha) = \{i \mid \alpha_i = 0\} \cup \{m+i \mid \alpha_i = C_i\}。
$$

若$\boldsymbol{\alpha}^*$为最优解，显然有 $B\cup(m+C)\subset I(\alpha^*)$，对于 A，当 $i\in A$，$\boldsymbol{x}_i$ 为非支持向量，有 $i\in I(\alpha^*)$，而当 $\boldsymbol{x}_i$ 为支持向量时，如果 $\alpha_i^*=C_i$，有 $m+i\in I(\alpha^*)$；如果 $0<\alpha_i^*<C_i$，有 $i\notin I(\alpha^*)$。

同线性支持向量分类机就原始问题讨论时二阶充分条件成为容易成立的事实不同，此处就对偶问题的讨论，线性无关性成为容易满足的假设条件，且原始问题二阶充分条件成立的假设条件恰恰是对偶问题线性无关的假设条件。具体为如下的结论。

定理 5.1.1 设$\boldsymbol{\alpha}^*=(\alpha_1^*,\alpha_2^*,\cdots,\alpha_m^*)^{\mathrm{T}}$是对偶问题(5.3)的最优解,若存在$i\in A$满足$0<\alpha_i^*<C_i$,则起作用约束的梯度向量组线性无关。

证明 对于$i\in A$,即$i=1,2,\cdots,t$,不妨设对于$i=1,2,\cdots,t_1\leqslant t$,有$\alpha_i^*>0$,$t_1\geqslant 1$;对于$i=t_1+1,\cdots,t$,有$\alpha_i^*=0$;对于$i\in B,i=t+1,t+2,\cdots,s,\alpha_i^*=0$;对于$i\in C,i=s+1,s+2,\cdots,m,\alpha_i^*=C_i$。

起作用约束的梯度向量集合$\boldsymbol{y}$、非支持向量$\boldsymbol{x}_i$对应的起作用约束$\alpha_i^*=0$的梯度、支持向量$\boldsymbol{x}_i$对应的起作用约束$\alpha_i^*=C_i$的梯度。设$\boldsymbol{e}_i=(0,\cdots,0,1,0,\cdots,0)^{\mathrm{T}}$表示$\mathbb{R}^m$中第$i$个单位向量,则起作用的梯度分别为

$$\boldsymbol{y}=(y_1,y_2,\cdots,y_m)^{\mathrm{T}},\quad -\boldsymbol{e}_j(j=2,3,\cdots,t),\quad \boldsymbol{e}_l(l=t+1,\cdots,m)。\tag{5.7}$$

$\alpha_i^*=0$对应的梯度向量是$-\boldsymbol{e}_i=(0,\cdots,0,-1,0,\cdots,0)^{\mathrm{T}}$,$\alpha_i^*=C_i$对应的梯度向量是$\boldsymbol{e}_j=(0,\cdots,0,1,0,\cdots,0)^{\mathrm{T}}$,它们对应的分量都只有一个非零数1或者$-1$,而且1和$-1$的位置不会在向量的相同的分量上,因此$\alpha_i^*=0$、$\alpha_i^*=C_i$起作用约束梯度对应的都是坐标向量,因而是线性无关的,由于假定存在一个支持向量的乘子$0<\alpha_i^*<C_i$,这时坐标向量的个数一定小于向量本身的维数,因此,m个分量不是$+1$就是-1的向量$\boldsymbol{y}$不能用这组不是m个的m维坐标向量组线性表示,所以起作用约束的梯度向量组一定线性无关。

证毕

推论 5.1.2 设$\boldsymbol{\alpha}^*=(\alpha_1^*,\alpha_2^*,\cdots,\alpha_m^*)^{\mathrm{T}}$是对偶问题(5.6)的最优解,则起作用约束的梯度向量组一定线性无关。

证明 对于$i\in A,i=1,2,\cdots,t$,不妨设对于$i=1,2,\cdots,t_1\leqslant t,\alpha_i^*>0$,由于支持向量一定存在,则$t_1\geqslant 1$;对于$i=t_1+1,\cdots,t$,有$\alpha_i^*=0$;对于$i\in B,i=t+1,t+2,\cdots,m,\alpha_i^*=0$,起作用约束梯度向量集合为$\boldsymbol{y}$以及非支持向量$\boldsymbol{x}_i$对应的起作用约束$\alpha_i^*=0$的梯度,它们分别是

$$\boldsymbol{y}=(y_1,y_2,\cdots,y_m)^{\mathrm{T}},-\boldsymbol{e}_i(i=t+1,\cdots,m)。\tag{5.8}$$

由于非支持向量起作用约束梯度对应的都是坐标向量,坐标向量的个数为$m-t_1\leqslant m-1$,即一定小于向量本身的维数m,此时$\boldsymbol{y}$不能用这组坐标向量组线性表示,所以起作用约束的梯度向量组一定线性无关。

证毕

定理5.1.1表明对偶问题(5.3)的解如果存在一个分量$0<\alpha_i^*<C_i$,就满足起作用约束梯度组线性无关条件。由定理4.1.2,若$0<\alpha_i^*<C_i$,则原问题(5.1)一定满足二阶充分条件;我们可以看出为保证对偶问题(5.3)的线性无关条件的假设与保证原问题(5.1)的二阶充分条件的假设一致。推论5.1.2表明对偶问题(5.6)的最优解一定满足起作用约束的梯度组线性无关的条件,而原问题(5.4)的最优解一定满足二阶充分条件。这也从另一个侧面说明了我们建立的定理的合理性。

如果知道具体的映射 ϕ：$\boldsymbol{x}\to\boldsymbol{\phi}(\boldsymbol{x})$，即 $K(\boldsymbol{x}_i,\boldsymbol{x}_j)=\boldsymbol{\phi}(\boldsymbol{x}_i)\cdot\boldsymbol{\phi}(\boldsymbol{x}_j)$。对偶问题(5.3)解的二阶充分条件具体有如下的结论。

定理 5.1.3 设$\boldsymbol{\alpha}^*=(\alpha_1^*,\alpha_2^*,\cdots,\alpha_m^*)^{\mathrm{T}}$是对偶问题(5.3)的最优解，若 A 类点对应的向量组$\begin{pmatrix} y_1\boldsymbol{\phi}(\boldsymbol{x}_1)\\ y_1\end{pmatrix},\begin{pmatrix} y_2\boldsymbol{\phi}(\boldsymbol{x}_2)\\ y_2\end{pmatrix},\cdots,\begin{pmatrix} y_t\boldsymbol{\phi}(\boldsymbol{x}_t)\\ y_t\end{pmatrix}$线性无关，则$\boldsymbol{\alpha}^*$一定满足二阶充分条件。

证明 $\boldsymbol{\alpha}^*=(\alpha_1^*,\alpha_2^*,\cdots,\alpha_m^*)^{\mathrm{T}}$是对偶问题(5.3)的最优解，可知一定存在乘子 $b^*\in\mathbb{R}$，$\boldsymbol{g}^*\in\mathbb{R}^m$，$\boldsymbol{\xi}^*\in\mathbb{R}^m$，满足 KT 条件：

$$\boldsymbol{H\alpha}^*-\boldsymbol{e}+b^*\boldsymbol{y}-\boldsymbol{g}^*+\boldsymbol{\xi}^*=\boldsymbol{0},\tag{5.9}$$

$$\boldsymbol{g}^*\geqslant\boldsymbol{0},\tag{5.10}$$

$$\boldsymbol{\xi}^*\geqslant\boldsymbol{0},\tag{5.11}$$

$$\boldsymbol{g}^*\cdot\boldsymbol{\alpha}=0,\tag{5.12}$$

$$\boldsymbol{\xi}^*\cdot(\boldsymbol{\alpha}-\boldsymbol{C})=0。\tag{5.13}$$

另外对于使上式成立的乘子 b^*，$\boldsymbol{g}^*=(g_1^*,g_2^*,\cdots,g_m^*)^{\mathrm{T}}$，$\xi^*=(\xi_1^*,\xi_2^*,\cdots,\xi_m^*)^{\mathrm{T}}$ 构成的拉格朗日函数

$$L(\boldsymbol{\alpha},b^*,\boldsymbol{g}^*,\boldsymbol{\xi}^*)=\frac{1}{2}\boldsymbol{\alpha}^{\mathrm{T}}\boldsymbol{H}\boldsymbol{\alpha}-\boldsymbol{e}\cdot\boldsymbol{\alpha}+b^*(\boldsymbol{\alpha}\cdot\boldsymbol{y})-\boldsymbol{g}^*\cdot\boldsymbol{\alpha}+\boldsymbol{\xi}^*\cdot(\boldsymbol{\alpha}-\boldsymbol{C})$$

对应的黑塞矩阵为 $\boldsymbol{H}$。对于 $i\in A$，$i=1,2,\cdots,t$，不妨设对于 $i=1,2,\cdots,t_1\leqslant t$，有 $\alpha_i^*>0$，$t_1\geqslant1$；对于 $i=t_1+1,\cdots,t$，有 $\alpha_i^*=0$；对于 $i\in B$，$i=t+1,t+2,\cdots,s$，有 $g_i^*>0$，$\alpha_i^*=0$，$\xi_i^*=0$；对于 $i\in C$，$i=s+1,s+2,\cdots,m$，$g_i^*=0$，$\alpha_i^*=C_i$，$\xi_i^*>0$，相应的 Z 集合为

$$Z=\{\boldsymbol{z}\mid\boldsymbol{z}\cdot\boldsymbol{y}=0;\ z_i\leqslant0,i=t_1+1,\cdots,t;\ z_i=0,i=t+1,\cdots,m\}。\tag{5.14}$$

对任意的 $\boldsymbol{z}=(z_1,\cdots,z_{t_1},z_{t_1+1},\cdots,z_t,0,\cdots,0)^{\mathrm{T}}\in Z$，$\boldsymbol{z}\neq\boldsymbol{0}$ 都有

$$\boldsymbol{z}^{\mathrm{T}}\nabla^2L(\boldsymbol{\alpha},b^*,\boldsymbol{g}^*,\boldsymbol{\xi}^*)\boldsymbol{z}=(z_1,\cdots,z_{t_1},z_{t_1+1},\cdots,z_t,0,\cdots,0)\nabla^2L(\boldsymbol{\alpha},b^*,\boldsymbol{g}^*,\boldsymbol{\xi}^*)\begin{pmatrix} z_1\\ \vdots\\ z_{t_1}\\ z_{t_1+1}\\ \vdots\\ z_t\\ 0\\ \vdots\\ 0\end{pmatrix}$$

$$= (z_1, \cdots, z_{t_1}, z_{t_1+1}, \cdots, z_t) H \begin{pmatrix} z_1 \\ \vdots \\ z_{t_1} \\ z_{t_1+1} \\ \vdots \\ z_t \end{pmatrix}$$

$$= \left\| \sum_{i=1}^{t} z_i y_i \boldsymbol{\phi}(\boldsymbol{x}_i) \right\|^2。 \tag{5.15}$$

又因为

$$\boldsymbol{z} \cdot \boldsymbol{y} = z_1 y_1 + \cdots + z_t y_t = 0, \tag{5.16}$$

下面证明 $\sum_{i=1}^{t} z_i y_i \boldsymbol{\phi}(\boldsymbol{x}_i) \neq \boldsymbol{0}$。若 $\sum_{i=1}^{t} z_i y_i \boldsymbol{\phi}(\boldsymbol{x}_i) = \boldsymbol{0}$，因为 $\begin{pmatrix} y_1 \boldsymbol{\phi}(\boldsymbol{x}_1) \\ y_1 \end{pmatrix}, \begin{pmatrix} y_2 \boldsymbol{\phi}(\boldsymbol{x}_2) \\ y_2 \end{pmatrix}, \cdots, \begin{pmatrix} y_t \boldsymbol{\phi}(\boldsymbol{x}_t) \\ y_t \end{pmatrix}$ 线性无关，所以结合式(5.16)得到

$$z_1 = z_2 = \cdots = z_t = 0。 \tag{5.17}$$

这与 $\boldsymbol{z} \neq \boldsymbol{0}$ 矛盾，所以有 $\sum_{i=1}^{t} z_i y_i \boldsymbol{\phi}(\boldsymbol{x}_i) \neq \boldsymbol{0}$，从而 $\boldsymbol{z}^{\mathrm{T}} \nabla^2 L(\boldsymbol{\alpha}^*, b^*, \boldsymbol{g}^*, \boldsymbol{\xi}^*) \boldsymbol{z} > 0$，亦即 $\boldsymbol{\alpha}^*$ 满足二阶充分条件。

证毕

推论 5.1.4 设 $\boldsymbol{\alpha}^* = (\alpha_1^*, \alpha_2^*, \cdots, \alpha_m^*)^{\mathrm{T}}$ 是对偶问题(5.6)的最优解，A 类的输入 $\boldsymbol{x}_i, i=1,2,\cdots,t$，若 A 类对应的向量组 $\begin{pmatrix} y_1 \boldsymbol{x}_1 \\ y_1 \end{pmatrix}, \begin{pmatrix} y_2 \boldsymbol{x}_2 \\ y_2 \end{pmatrix}, \cdots, \begin{pmatrix} y_t \boldsymbol{x}_t \\ y_t \end{pmatrix}$ 线性无关，则 $\boldsymbol{\alpha}^*$ 满足二阶充分条件。

证明 $\boldsymbol{\alpha}^* = (\alpha_1^*, \alpha_2^*, \cdots, \alpha_m^*)^{\mathrm{T}}$ 是对偶问题(5.6)的最优解，可知一定存在乘子 $b^* \in \mathbb{R}, \boldsymbol{g}^* \in \mathbb{R}^m$ 满足 KKT 条件：

$$\boldsymbol{H}\boldsymbol{\alpha}^* - \boldsymbol{e} + b^* \boldsymbol{y} - \boldsymbol{g}^* = \boldsymbol{0}, \tag{5.18}$$

$$\boldsymbol{g}^* \geqslant \boldsymbol{0}, \tag{5.19}$$

$$\boldsymbol{g}^* \cdot \boldsymbol{\alpha} = 0。 \tag{5.20}$$

另外对于使式(5.18)～式(5.20)成立的乘子构成的拉格朗日函数 $L(\boldsymbol{\alpha}, b^*, \boldsymbol{g}^*) = \frac{1}{2}\boldsymbol{\alpha}^{\mathrm{T}} \boldsymbol{H} \boldsymbol{\alpha} - \boldsymbol{e} \cdot \boldsymbol{\alpha} + b^*(\boldsymbol{\alpha} \cdot \boldsymbol{y}) - \boldsymbol{g}^* \boldsymbol{\alpha}$ 的黑塞矩阵为

$$\boldsymbol{H} = \begin{pmatrix} y_1^2 \boldsymbol{x}_1 \cdot \boldsymbol{x}_1 & y_1 y_2 \boldsymbol{x}_1 \cdot \boldsymbol{x}_2 & \cdots & y_1 y_m \boldsymbol{x}_1 \cdot \boldsymbol{x}_m \\ y_2 y_1 \boldsymbol{x}_2 \cdot \boldsymbol{x}_1 & y_2^2 \boldsymbol{x}_2 \cdot \boldsymbol{x}_2 & \cdots & y_2 y_m \boldsymbol{x}_2 \cdot \boldsymbol{x}_m \\ \vdots & \vdots & & \vdots \\ y_m y_1 \boldsymbol{x}_m \cdot \boldsymbol{x}_1 & y_m y_2 \boldsymbol{x}_m \cdot \boldsymbol{x}_2 & \cdots & y_m^2 \boldsymbol{x}_m \cdot \boldsymbol{x}_m \end{pmatrix}。 \tag{5.21}$$

对于 A 类的输入 $\boldsymbol{x}_i, i=1,2,\cdots,t_1\leqslant t$，有 $\alpha_i^*>0, g_i^*=0$；$i=t_1+1,\cdots,t$，有 $\alpha_i^*=0$，$g_i^*=0$；对于 B 类的输入 $\boldsymbol{x}_i, i=t+1,t+2,\cdots,m, \alpha_i^*=0, g_i^*>0$，得到相应的集合 Z：

$$Z=\{\boldsymbol{z}\mid \boldsymbol{z}\cdot\boldsymbol{y}=0;\ z_i\leqslant 0, i=t_1+1,\cdots,t;\ z_i=0, i=t+1,\cdots,m\}。\tag{5.22}$$

对任意的 $\boldsymbol{z}=(z_1,\cdots,z_{t_1},z_{t_1+1},\cdots,z_t,0,\cdots,0)^{\mathrm{T}}\in Z, \boldsymbol{z}\neq\boldsymbol{0}$ 都有

$$\boldsymbol{z}^{\mathrm{T}}\nabla^2L(\boldsymbol{\alpha}^*,b^*,\boldsymbol{g}^*)\boldsymbol{z}=(z_1,\cdots,z_{t_1},z_{t_1+1},\cdots,z_t,0,\cdots,0)\nabla^2L(\boldsymbol{\alpha}^*,b^*,\boldsymbol{g}^*)\begin{pmatrix}z_1\\ \vdots\\ z_{t_1}\\ z_{t_1+1}\\ \vdots\\ z_t\\ 0\\ \vdots\\ 0\end{pmatrix}$$

$$=(z_1,\cdots,z_{t_1},z_{t_1+1},\cdots,z_t)\boldsymbol{H}\begin{pmatrix}z_1\\ \vdots\\ z_{t_1}\\ z_{t_1+1}\\ \vdots\\ z_t\end{pmatrix}$$

$$=\left\|\sum_{i=1}^{t}z_iy_i\boldsymbol{x}_i\right\|^2。\tag{5.23}$$

又因为

$$\boldsymbol{z}\cdot\boldsymbol{y}=z_1y_1+\cdots+z_ty_t=0,\tag{5.24}$$

下面证明 $\sum_{i=1}^{t}z_iy_i\boldsymbol{x}_i\neq\boldsymbol{0}$。若 $\sum_{i=1}^{t}z_iy_i\boldsymbol{x}_i=\boldsymbol{0}$，因为 $\begin{pmatrix}y_1\boldsymbol{x}_1\\ y_1\end{pmatrix},\begin{pmatrix}y_2\boldsymbol{x}_2\\ y_2\end{pmatrix},\cdots,\begin{pmatrix}y_t\boldsymbol{x}_t\\ y_t\end{pmatrix}$ 线性无关，结合式(5.24)得到

$$z_1=z_2=\cdots=z_t=0。$$

这与 $\boldsymbol{z}\neq\boldsymbol{0}$ 矛盾，所以 $\boldsymbol{\alpha}^*$ 满足二阶充分条件。

证毕

定理 5.1.1 表明对偶问题(5.3)的最优解满足二阶充分条件的假设条件正是原问题(5.1)的最优解满足起作用约束的梯度组线性无关条件的假设条件。同理，推论 5.1.2 也正表明对偶问题(5.6)的最优解满足二阶充分条件正是原问题(5.4)的最优解满足起作用约束梯度组线性无关条件的假设。

5.2 基本定理

定理 5.2.1 设$\boldsymbol{\alpha}^*$为问题(5.3)在 $\boldsymbol{p}=\boldsymbol{p}_0$ 的最优解，对应的拉格朗日乘子为 $b^*, \boldsymbol{g}^*=(g_1^*, g_2^*, \cdots, g_m^*)^{\mathrm{T}}, \boldsymbol{\xi}^*=(\xi_1^*, \xi_2^*, \cdots, \xi_m^*)^{\mathrm{T}}$，假设：

(1) A 类输入 $\boldsymbol{x}_1, \boldsymbol{x}_2, \cdots, \boldsymbol{x}_t$ 全为支持向量，且对应的乘子 $\alpha_i<C_i(i=1,2,\cdots,t)$。

(2) 向量组 $\begin{pmatrix} y_1 \boldsymbol{\phi}(\boldsymbol{x}_1) \\ y_1 \end{pmatrix}, \begin{pmatrix} y_2 \boldsymbol{\phi}(\boldsymbol{x}_2) \\ y_2 \end{pmatrix}, \cdots, \begin{pmatrix} y_t \boldsymbol{\phi}(\boldsymbol{x}_t) \\ y_t \end{pmatrix}$线性无关。

则有下面的结论成立：

(1) $\boldsymbol{\alpha}^*$ 为问题(5.3)的 $\boldsymbol{p}=\boldsymbol{p}_0$ 孤立最优解，并且对应的拉格朗日乘子 $b^*, \boldsymbol{g}^*=(g_1^*, g_2^*, \cdots, g_m^*)^{\mathrm{T}}, \boldsymbol{\xi}^*=(\xi_1^*, \xi_2^*, \cdots, \xi_m^*)^{\mathrm{T}}$ 是唯一的。

(2) 存在 $\boldsymbol{p}_0$ 的邻域 $N(\boldsymbol{p}_0)$，在 $N(\boldsymbol{p}_0)$上存在唯一连续可微函数 $\boldsymbol{y}(\boldsymbol{p})=(\boldsymbol{\alpha}(\boldsymbol{p}), b(\boldsymbol{p}), \boldsymbol{g}(\boldsymbol{p}), \boldsymbol{\xi}(\boldsymbol{p}))$，使得：①$\boldsymbol{y}(\boldsymbol{p}_0)=(\alpha^*, \boldsymbol{b}^*, \boldsymbol{g}^*, \boldsymbol{\xi}^*)$；②对任意的 $\boldsymbol{p}\in N(\boldsymbol{p}_0)$，对于问题(5.3)，$\boldsymbol{\alpha}(\boldsymbol{p})$为可行解；③起作用集保持不变，即

$$I(\boldsymbol{\alpha}(\boldsymbol{p}), \boldsymbol{p}) \equiv I(\boldsymbol{\alpha}^*, \boldsymbol{p}_0);$$

④线性无关性保持成立；⑤$\boldsymbol{\alpha}(\boldsymbol{p})$和 $\boldsymbol{g}(\boldsymbol{p}), \boldsymbol{\xi}(\boldsymbol{p})$使严格互补性质保持成立；⑥$\boldsymbol{\alpha}(\boldsymbol{p})$满足二阶充分条件，相应的乘子为 $b(\boldsymbol{p}), \boldsymbol{g}(\boldsymbol{p}), \boldsymbol{\xi}(\boldsymbol{p})$；⑦ $\boldsymbol{\alpha}(\boldsymbol{p})$为问题(5.3)的孤立最优解，$b(\boldsymbol{p}), \boldsymbol{g}(\boldsymbol{p}), \boldsymbol{\xi}(\boldsymbol{p})$为相应的唯一乘子；⑧$\boldsymbol{y}(\boldsymbol{p})=(\boldsymbol{\alpha}(\boldsymbol{p}), b(\boldsymbol{p}), \boldsymbol{g}(\boldsymbol{p}), \boldsymbol{\xi}(\boldsymbol{p}))$的偏导数满足

$$\boldsymbol{M}(\boldsymbol{p}) \begin{pmatrix} \left(\dfrac{\partial \boldsymbol{\alpha}}{\partial \boldsymbol{p}}\right)^{\mathrm{T}} \\ \left(\dfrac{\partial b}{\partial \boldsymbol{p}}\right)^{\mathrm{T}} \\ \left(\dfrac{\partial \boldsymbol{g}}{\partial \boldsymbol{p}}\right)^{\mathrm{T}} \\ \left(\dfrac{\partial \boldsymbol{\xi}}{\partial \boldsymbol{p}}\right)^{\mathrm{T}} \end{pmatrix} = \boldsymbol{M}_1(\boldsymbol{p}), \tag{5.25}$$

其中式(5.25)中的矩阵

$$
M(p)=\begin{pmatrix}
y_1^2K(x_1,x_1) & y_1y_2K(x_1,x_2) & \cdots & y_1y_mK(x_1,x_2) & -1 & 0 & \cdots & 0 & 1 & 0 & \cdots & 0 & y_1 \\
y_2y_1K(x_2,x_1) & y_2^2K(x_2,x_2) & \cdots & y_2y_mK(x_2,x_m) & 0 & -1 & \cdots & 0 & 0 & 1 & \cdots & 0 & y_2 \\
\vdots & \vdots & \ddots & \vdots & \vdots & \vdots & & \vdots & \vdots & \vdots & & \vdots & \vdots \\
y_my_1K(x_m,x_1) & y_my_2K(x_m,x_2) & \cdots & y_m^2K(x_m,x_m) & 0 & 0 & \cdots & -1 & 0 & 0 & \cdots & 1 & y_m \\
-g_1^* & 0 & \cdots & 0 & -\alpha_1 & 0 & \cdots & 0 & 0 & 0 & \cdots & 0 & 0 \\
0 & -g_2^* & & 0 & 0 & -\alpha_2 & & & & & & & \\
\vdots & \vdots & & \vdots & \vdots & & \ddots & & & & & & \\
0 & 0 & \cdots & -g_m^* & 0 & & & -\alpha_m & & & & & \\
\xi_1^* & 0 & \cdots & 0 & 0 & & & & \alpha_1-C_1 & & & & \\
0 & \xi_2^* & \cdots & 0 & 0 & & & & & \alpha_2-C_2 & & & \\
\vdots & \vdots & & \vdots & \vdots & & & & & & \ddots & & \\
0 & 0 & \cdots & \xi_m^* & 0 & & & & & & & \alpha_m-C_m & \\
y_1 & y_2 & \cdots & y_m & 0 & & & & & & & & 0
\end{pmatrix},
\tag{5.26}
$$

$$
M_1(p)=-\left[\frac{\partial(\nabla_{\alpha}L)}{\partial p},g_1\ \nabla_p\alpha_1,\cdots,g_m\ \nabla_p\alpha_m,\nabla_p(y\cdot\alpha)\right]^{\mathrm{T}}。\tag{5.27}
$$

证明 定理 5.1.1 和定理 5.1.3 已经给出在本定理假设下，二阶充分条件和线性无关条件一定成立。下面证明严格互补性。

对于 $i\in A,i=1,2,\cdots,t,x_i$ 为支持向量 $\alpha_i^*>0$，且由假设 $\alpha_i^*<C_i$，可见 $A\cap I(\alpha^*)=\varnothing$，即 $i\in A$ 不对应起作用约束。对于 $i\in B,i=t+1,t+2,\cdots,s$，有起作用约束 $\alpha_i^*=0$，乘子 $g_i^*>0$；对于 $i\in C,i=s+1,s+2,\cdots,m$，有起作用约束 $\alpha_i^*=C_i$，乘子 $\xi_i^*>0$，严格互补性得证。由定理 2.5.5 可得结论。

证毕

推论 5.2.2 设 α^* 为问题(5.6)在 $p=p_0$ 的最优解，对应的拉格朗日乘子为 $b^*,g^*=(g_1^*,g_2^*,\cdots,g_m^*)^{\mathrm{T}}$，假设：

(1) A 类的输入 $x_1,x_2,\cdots,x_t$ 全为支持向量。

(2) 向量组 $\begin{pmatrix}y_1x_1\\y_1\end{pmatrix},\begin{pmatrix}y_2x_2\\y_2\end{pmatrix},\cdots,\begin{pmatrix}y_tx_t\\y_t\end{pmatrix}$ 线性无关。

则有下面的结论成立：

(1) α^* 为问题(5.6)的 $p=p_0$ 的孤立最优解，并且对应的拉格朗日乘子 $b^*,g^*=(g_1^*,g_2^*,\cdots,g_m^*)^{\mathrm{T}}$ 是唯一的。

(2) 存在 p_0 的邻域 $N(p_0)$，在 $N(p_0)$ 上存在唯一连续的可微函数 $y(p)=(\alpha(p),b(p),g(p))$，使得 $y(p_0)=(\alpha^*,b^*,g^*)$。对任意的 $p\in N(p_0)$，对于问题(5.6)，$\alpha(p)$ 为可行解，并且起作用集保持不变，即

$$
I(\alpha(p),p)\equiv I(\alpha^*,p_0),
$$

线性无关性保持成立；$\boldsymbol{\alpha}(\boldsymbol{p})$和 $\boldsymbol{g}(\boldsymbol{p})$使严格互补性质保持成立；$\boldsymbol{\alpha}(\boldsymbol{p})$满足二阶充分条件，相应乘子为 $b(\boldsymbol{p})$，$\boldsymbol{g}(\boldsymbol{p})$。因而$\boldsymbol{\alpha}(\boldsymbol{p})$为问题(5.6)的孤立最优解，$b(\boldsymbol{p})$，$\boldsymbol{g}(\boldsymbol{p})$为相应的唯一乘子。

(3) $\boldsymbol{y}(\boldsymbol{p})=(\boldsymbol{\alpha}(\boldsymbol{p}),b(\boldsymbol{p}),\boldsymbol{g}(\boldsymbol{p}))$的偏导数满足

$$\boldsymbol{M}(\boldsymbol{p})\begin{pmatrix}\left(\dfrac{\partial \boldsymbol{\alpha}}{\partial \boldsymbol{p}}\right)^{\mathrm{T}}\\ \left(\dfrac{\partial b}{\partial \boldsymbol{p}}\right)^{\mathrm{T}}\\ \left(\dfrac{\partial \boldsymbol{g}}{\partial \boldsymbol{p}}\right)^{\mathrm{T}}\end{pmatrix}=\boldsymbol{M}_1(\boldsymbol{p}), \tag{5.28}$$

其中

$$\boldsymbol{M}(\boldsymbol{p})=\begin{pmatrix}
y_1^2\boldsymbol{x}_1\cdot\boldsymbol{x}_1 & y_1y_2\boldsymbol{x}_1\cdot\boldsymbol{x}_2 & \cdots & y_1y_m\boldsymbol{x}_1\cdot\boldsymbol{x}_m & -1 & 0 & \cdots & 0 & y_1\\
y_2y_1\boldsymbol{x}_2\cdot\boldsymbol{x}_1 & y_2^2\boldsymbol{x}_2\cdot\boldsymbol{x}_2 & & y_2y_m\boldsymbol{x}_2\cdot\boldsymbol{x}_m & 0 & -1 & \cdots & 0 & y_2\\
\vdots & \vdots & \ddots & \vdots & \vdots & \vdots & & \vdots & \vdots\\
y_my_1\boldsymbol{x}_m\cdot\boldsymbol{x}_1 & y_my_2\boldsymbol{x}_m\cdot\boldsymbol{x}_2 & \cdots & y_m^2\boldsymbol{x}_m\cdot\boldsymbol{x}_m & 0 & 0 & \cdots & -1 & y_m\\
-g_1 & 0 & \cdots & 0 & -\alpha_1 & 0 & \cdots & 0 & 0\\
0 & -g_2 & \cdots & 0 & 0 & -\alpha_2 & & & 0\\
\vdots & \vdots & & \vdots & \vdots & & \ddots & & \vdots\\
0 & 0 & \cdots & -g_m & 0 & & \cdots & -\alpha_m & 0\\
y_1 & y_2 & \cdots & y_m & 0 & 0 & \cdots & 0 & 0
\end{pmatrix} \tag{5.29}$$

$$\boldsymbol{M}_1(\boldsymbol{p})=-\left[\frac{\partial(\nabla_{\alpha}L)}{\partial \boldsymbol{p}},g_1\nabla_{\boldsymbol{p}}\alpha_1,\cdots,g_m\nabla_{\boldsymbol{p}}\alpha_m,\nabla_{\boldsymbol{p}}(\boldsymbol{y}\cdot\boldsymbol{\alpha})\right]^{\mathrm{T}}。 \tag{5.30}$$

证明 略。

注 推论 5.2.2 可以得到线性支持向量机的对偶问题解$\boldsymbol{\alpha}(\boldsymbol{p})$关于数据参数 $\boldsymbol{p}$ 的偏导数，由此可以得到数据扰动对决策函数的偏导数：

$$\nabla_{\boldsymbol{p}}f(\boldsymbol{x})=\sum_{i=1}^{m}\nabla_{\boldsymbol{p}}\alpha_i(\boldsymbol{p})y_i(\boldsymbol{x}_i\cdot\boldsymbol{x})+\sum_{i=1}^{m}\alpha_i(\boldsymbol{p})y_i\nabla_{\boldsymbol{p}}(\boldsymbol{x}_i\cdot\boldsymbol{x})+\nabla_{\boldsymbol{p}}b(\boldsymbol{p})。$$

第 4 章线性支持向量分类机原始问题(4.1)的对偶问题是问题(5.3)当$\boldsymbol{\phi}(\boldsymbol{x})=\boldsymbol{x}$的特殊情况。基本定理 4.2.1 的假设条件：(1)A 类的输入 $\boldsymbol{x}_1,\boldsymbol{x}_2,\cdots,\boldsymbol{x}_t$ 全为支持向量，且对应的乘子 $\alpha_i<C_i(i=1,2,\cdots,t)$；(2)向量组 $\begin{pmatrix}y_1\boldsymbol{x}_1\\y_1\end{pmatrix},\begin{pmatrix}y_2\boldsymbol{x}_2\\y_2\end{pmatrix},\cdots,\begin{pmatrix}y_t\boldsymbol{x}_t\\y_t\end{pmatrix}$线性无关。

这两条假设同定理 5.2.1 假设条件完全一致。

对于样本输入 $\boldsymbol{x}$，在不知道 $\boldsymbol{\phi}(\boldsymbol{x})$ 的前提下，定理 5.2.1 可以叙述成如下的形式。

定理 5.2.3 设 $\boldsymbol{\alpha}^*$ 为问题(5.3)在 $\boldsymbol{p}=\boldsymbol{p}_0$ 的最优解，对应的拉格朗日乘子为 b^*，$\boldsymbol{g}^*=(g_1^*,g_2^*,\cdots,g_m^*)^{\mathrm{T}}$，$\boldsymbol{\xi}^*=(\xi_1^*,\xi_2^*,\cdots,\xi_m^*)^{\mathrm{T}}$，假设：

(1) A 类输入为 $\boldsymbol{x}_1,\boldsymbol{x}_2,\cdots,\boldsymbol{x}_t$，全为支持向量，且对应的乘子 $\alpha_i<C_i(i=1,2,\cdots,t)$

(2) $\boldsymbol{H}_{1K}$ 半正定，$\begin{pmatrix}\boldsymbol{y}_1 & (\boldsymbol{H}_{1K})_1^{1/2}\\ & y_1\end{pmatrix}$，$\begin{pmatrix}y_2 & (\boldsymbol{H}_{1K})_2^{1/2}\\ & y_2\end{pmatrix}$，$\cdots$，$\begin{pmatrix}y_t & (\boldsymbol{H}_{1K})_t^{1/2}\\ & y_t\end{pmatrix}$ 的列向量组线性无关，则有与定理 5.2.1 完全一样的结论，其中

$$\boldsymbol{H}_{1K}=\begin{pmatrix}K(\boldsymbol{x}_1,\boldsymbol{x}_1) & K(\boldsymbol{x}_1,\boldsymbol{x}_2) & \cdots & K(\boldsymbol{x}_1,\boldsymbol{x}_t)\\ K(\boldsymbol{x}_2,\boldsymbol{x}_1) & K(\boldsymbol{x}_2,\boldsymbol{x}_2) & \cdots & K(\boldsymbol{x}_2,\boldsymbol{x}_t)\\ \vdots & \vdots & & \vdots\\ K(\boldsymbol{x}_1,\boldsymbol{x}_t) & K(\boldsymbol{x}_2,\boldsymbol{x}_t) & \cdots & K(\boldsymbol{x}_t,x_t)\end{pmatrix}。\tag{5.31}$$

注 1 设 $\boldsymbol{A}$ 为正交矩阵，使 $\boldsymbol{A}\boldsymbol{H}_{1K}\boldsymbol{A}^{\mathrm{T}}=\begin{pmatrix}\lambda_1 & 0 & \cdots & 0\\ 0 & \lambda_2 & \cdots & 0\\ \vdots & \vdots & \ddots & \vdots\\ 0 & 0 & \cdots & \lambda_t\end{pmatrix}$，其中 λ_i 为 $\boldsymbol{H}_{1K}$ 的特征值，$\lambda_i\geqslant 0(i=1,2,\cdots,t)$，则 $H_{1K}^{1/2}=\boldsymbol{A}^{\mathrm{T}}\begin{pmatrix}\sqrt{\lambda_1} & 0 & \cdots & 0\\ 0 & \sqrt{\lambda_2} & \cdots & 0\\ \vdots & \vdots & \ddots & \vdots\\ 0 & 0 & \cdots & \sqrt{\lambda_t}\end{pmatrix}\boldsymbol{A}$。

注 2 $(\boldsymbol{H}_{1K}^{1/2})_i$ 表示矩阵 $\boldsymbol{H}_{1K}^{1/2}$ 的第 i 列。

证明 定理假设(2)保证解 $\boldsymbol{\alpha}^*$ 满足二阶充分条件，证明了这一点，其他证明与定理 5.2.1 完全相同。为证明这一点。记矩阵 $\boldsymbol{H}$ 的 t 阶主子式为 $\boldsymbol{H}_1$。对任意的 $\boldsymbol{z}=(z_1,\cdots z_{t_1},z_{t_1+1},\cdots,z_t,0,\cdots,0)^{\mathrm{T}}\in Z$，$\boldsymbol{z}\neq\boldsymbol{0}$ 都有

$$\boldsymbol{z}^{\mathrm{T}}\nabla^2 L(\boldsymbol{\alpha}^*,b^*,\boldsymbol{g}^*,\boldsymbol{\xi}^*)\boldsymbol{z}=(z_1,\cdots,z_{t_1},z_{t_1+1},\cdots,z_t,0,\cdots,0)\nabla^2 L(\boldsymbol{\alpha}^k,b^*,\boldsymbol{g}^*,\boldsymbol{\xi}^*)\begin{pmatrix}z_1\\ \vdots\\ z_{t_1}\\ z_{t_1+1}\\ \vdots\\ z_t\\ 0\\ \vdots\\ 0\end{pmatrix}$$

$$= (z_1,\cdots,z_{t_1},z_{t_1+1},\cdots,z_t)\boldsymbol{H}_1\begin{pmatrix} z_1 \\ \vdots \\ z_{t_1} \\ z_{t_1+1} \\ \vdots \\ z_t \end{pmatrix} = (y_1z_1,\cdots,y_{t_1}z_{t_1},y_{t_1+1}z_{t_1+1},\cdots,y_tz_t)\boldsymbol{H}_{1K}\begin{pmatrix} y_1z_1 \\ \vdots \\ y_{t_1}z_{t_1} \\ y_{t_1+1}z_{t_1+1} \\ \vdots \\ y_tz_t \end{pmatrix}$$

$$= (y_1z_1,\cdots,y_{t_1}z_{t_1},y_{t_1+1}z_{t_1+1},\cdots,y_tz_t)\boldsymbol{H}_{1K}^{1/2}\boldsymbol{H}_{1K}^{1/2}\begin{pmatrix} y_1z_1 \\ \vdots \\ y_{t_1}z_{t_1} \\ y_{t_1+1}z_{t_1+1} \\ \vdots \\ y_tz_t \end{pmatrix} = \left\| \sum_{i=1}^{t} z_iy_i(\boldsymbol{H}_{1K}^{1/2})_i \right\|^2。 \tag{5.32}$$

下面证明 $\sum_{i=1}^{t} z_iy_i\ (\boldsymbol{H}_{1K}^{1/2})_i \neq \boldsymbol{0}$。若 $\sum_{i=1}^{t} z_iy_i\ (\boldsymbol{H}_{1K}^{1/2})_i = \boldsymbol{0}$，又因为 $\begin{pmatrix} y_1\ (\boldsymbol{H}_{1K})_1^{1/2} \\ y_1 \end{pmatrix}$，$\begin{pmatrix} y_2\ (\boldsymbol{H}_{1K})_2^{1/2} \\ y_2 \end{pmatrix},\cdots,\begin{pmatrix} y_t\ (\boldsymbol{H}_{1K})_t^{1/2} \\ y_t \end{pmatrix}$线性无关，结合

$$\boldsymbol{z}\cdot\boldsymbol{y} = z_1y_1 + \cdots + z_ty_t = 0。 \tag{5.33}$$

得

$$z_1 = z_2 = \cdots = z_t = 0。 \tag{5.34}$$

这与 $\boldsymbol{z}\neq\boldsymbol{0}$ 矛盾，从而得 $\boldsymbol{z}^{\mathrm{T}}\ \nabla^2 L(\boldsymbol{\alpha}^*,b^*,\boldsymbol{g}^*,\boldsymbol{\xi}^*)\boldsymbol{z}>0$，所以$\boldsymbol{\alpha}^*$一定满足二阶充分条件。

证毕

注1 若 $\boldsymbol{H}_{1K}^{1/2}$ 正定，则 $\begin{pmatrix} \boldsymbol{H}_{1K}^{1/2} \\ \boldsymbol{e} \end{pmatrix}$ 列向量组一定线性无关，由线性无关的定义，可以得到向量组 $\begin{pmatrix} y_1(\boldsymbol{H}_{1K})_1^{1/2} \\ y_1 \end{pmatrix},\begin{pmatrix} y_2(\boldsymbol{H}_{1K})_2^{1/2} \\ y_2 \end{pmatrix},\cdots,\begin{pmatrix} y_t(\boldsymbol{H}_{1K})_t^{1/2} \\ y_t \end{pmatrix}$ 也线性无关。

注2 当不知道具体核映射时，从对偶问题角度出发，可以得到对偶解关于数据参数的偏导数，进而可以得到数据误差对判决函数的影响：

$$\nabla_{\boldsymbol{p}} f = \sum_{i=1}^{m}(\nabla_{\boldsymbol{p}}\alpha_i(\boldsymbol{p})y_iK(\boldsymbol{x},\boldsymbol{x}_i) + \alpha_i(\boldsymbol{p})y_i\ \nabla_{\boldsymbol{p}}K(\boldsymbol{x},\boldsymbol{x}_i))。 \tag{5.35}$$

如果知道了 $\boldsymbol{H}_{1K}$ 的正交特征向量，定理5.2.3又可以表述为如下的形式。

定理5.2.4 假设$\boldsymbol{\alpha}^*$为问题(5.3)在 $\boldsymbol{p}=\boldsymbol{p}_0$ 的最优解，对应的拉格朗日乘子为

$\boldsymbol{b}^*$，$\boldsymbol{g}^*=(g_1^*,g_2^*,\cdots,g_m^*)^{\mathrm{T}}$，$\boldsymbol{\xi}^*=(\xi_1^*,\xi_2^*,\cdots,\xi_m^*)^{\mathrm{T}}$，假设：

(1) A 类对应输入为 $\boldsymbol{x}_1,\boldsymbol{x}_2,\cdots,\boldsymbol{x}_t$ 全为支持向量，且对应的乘子 $\alpha_i<C_i(i=1,2,\cdots,t)$。

(2) 令 $\boldsymbol{\eta}_1,\boldsymbol{\eta}_2,\cdots,\boldsymbol{\eta}_t$ 为 $\boldsymbol{H}_{1K}$ 正交的特征向量，即

$$\boldsymbol{H}_{1K}=\boldsymbol{A}\begin{pmatrix}\lambda_1 & 0 & \cdots & 0\\ 0 & \lambda_2 & \cdots & 0\\ \vdots & \vdots & \ddots & \vdots\\ 0 & 0 & \cdots & \lambda_t\end{pmatrix}\boldsymbol{A}^{\mathrm{T}}$$

$$=(\boldsymbol{\eta}_1,\boldsymbol{\eta}_2,\cdots,\boldsymbol{\eta}_t)\begin{pmatrix}\sqrt{\lambda_1} & 0 & \cdots & 0\\ 0 & \sqrt{\lambda_2} & \cdots & 0\\ \vdots & \vdots & \ddots & \vdots\\ 0 & 0 & \cdots & \sqrt{\lambda_t}\end{pmatrix}\begin{pmatrix}\sqrt{\lambda_1} & 0 & \cdots & 0\\ 0 & \sqrt{\lambda_2} & & 0\\ \vdots & & \ddots & \vdots\\ 0 & 0 & \cdots & \sqrt{\lambda_t}\end{pmatrix}\begin{pmatrix}\boldsymbol{\eta}_1^{\mathrm{T}}\\ \boldsymbol{\eta}_2^{\mathrm{T}}\\ \vdots\\ \boldsymbol{\eta}_t^{\mathrm{T}}\end{pmatrix}$$

$$=(\sqrt{\lambda_1}\ \boldsymbol{\eta}_1,\sqrt{\lambda_2}\ \boldsymbol{\eta}_2,\cdots,\sqrt{\lambda_t}\ \boldsymbol{\eta}_t)\begin{pmatrix}\sqrt{\lambda_1}\ \boldsymbol{\eta}_1^{\mathrm{T}}\\ \sqrt{\lambda_2}\ \boldsymbol{\eta}_2^{\mathrm{T}}\\ \vdots\\ \sqrt{\lambda_t}\ \boldsymbol{\eta}_t^{\mathrm{T}}\end{pmatrix}。\tag{5.36}$$

向量组 $\begin{pmatrix}y_1\sqrt{\lambda_1}\boldsymbol{\eta}_1\\ y_1\end{pmatrix},\begin{pmatrix}y_2\sqrt{\lambda_2}\boldsymbol{\eta}_2\\ y_2\end{pmatrix},\cdots,\begin{pmatrix}y_t\sqrt{\lambda_t}\boldsymbol{\eta}_t\\ y_t\end{pmatrix}$ 线性无关。

则有与定理 5.2.1 完全一样的结论。

证明同定理 5.2.3 类似，在此略去。

这一章我们从支持向量分类机能够更广泛应用的对偶问题出发研究了数据扰动分析的假设条件，研究表明从对偶问题出发以及从原始问题出发所做的假设条件一致，得到的结论也具有一致性。从对偶问题解 $\boldsymbol{\alpha}(\boldsymbol{p})$ 的角度来研究，$\boldsymbol{w}(\boldsymbol{p})$，$\boldsymbol{b}(\boldsymbol{p})$ 的偏导数要从 $\boldsymbol{\alpha}(\boldsymbol{p})$ 的偏导数以及数据参数本身的偏导数得到，从原始问题的角度研究，可以直接得到 $\boldsymbol{w}(\boldsymbol{p})$，$b(\boldsymbol{p})$ 关于数据参数的偏导数。总之，二者的研究结果具有一致性。下面针对线性可分模型进行说明。具体参见定理 5.2.5。

定理 5.2.5 线性可分问题($K(\boldsymbol{x}_i,\boldsymbol{x}_j)=\boldsymbol{x}_i\cdot\boldsymbol{x}_j$)，原始问题(4.2)和对偶问题(5.6)得到的 $\boldsymbol{w}(\boldsymbol{p})$，$b(\boldsymbol{p})$，$\boldsymbol{\alpha}(\boldsymbol{p})$，当 $\boldsymbol{p}$ 充分接近于 $\boldsymbol{p}_0$ 时，二者是一致的。

证明 推论 4.2.2 关于原始问题(4.2)的假设条件与推论 5.2.2 关于对偶问题(5.6)的假设条件一致，推论 4.2.2 给出存在邻域 $N_1(\boldsymbol{p}_0)$，在 $N_1(\boldsymbol{p}_0)$ 上的每一点 $\boldsymbol{p}$，$\boldsymbol{w}_1(\boldsymbol{p})$，$\boldsymbol{b}_1(\boldsymbol{p})$，$\boldsymbol{\alpha}_1(\boldsymbol{p})$ 为孤立最优解，推论 5.2.2 给出存在邻域 $N_2(\boldsymbol{p}_0)$，在 $N_2(\boldsymbol{p}_0)$ 上的每一点 $\boldsymbol{p}$，$\boldsymbol{\alpha}_2(\boldsymbol{p})$，$b_2(\boldsymbol{p})$，$\boldsymbol{g}_2(\boldsymbol{p})$ 为孤立最优解。因为 $N_1(\boldsymbol{p}_0)\cap N_2(\boldsymbol{p}_0)\neq$

$\varnothing$，当 $p\in N_1(p_0)\cap N_2(p_0)$ 时，有 $\boldsymbol{\alpha}_1(p)=\boldsymbol{\alpha}_2(p)=\boldsymbol{\alpha}(p)$ 一致，这样解 $w(p)=\sum_{i=1}^{m}y_i\boldsymbol{\alpha}_i(p)x_i(p)$ 也具有一致性。

5.3 小结

本章从对偶问题的角度建立了加权支持向量分类机的数据扰动分析理论和方法，得到对偶问题的解对于数据参数的依赖关系以及偏导数的计算方法。无论从原问题角度，还是从对偶问题角度，数据扰动分析结论具有一致性。此外数据扰动分析定理成立，不再需要核函数的正定性。

第 6 章

线性支持向量回归机的数据扰动分析

6.1 线性支持向量回归机表述

解决回归问题的支持向量机被称为支持向量回归机(Support Vector Regression,SVR)。回归问题的表述为:有训练数据 $T=\{(\boldsymbol{x}_1,y_1),(\boldsymbol{x}_2,y_2),\cdots,(\boldsymbol{x}_m,y_m)\}\subseteq\mathbb{R}^n\times\mathbb{R}$,其中训练输入 $\boldsymbol{x}_i\in\mathbb{R}^n$,训练输出 $y_i\in\mathbb{R}$ $(i=1,2,\cdots,m)$,根据训练集 T 寻找$\mathbb{R}^n$ 上的实值函数 $d(\boldsymbol{x})$,以便用决策函数 $d(\boldsymbol{x})$推断任意输入 $\boldsymbol{x}$ 相对应的输出值[2]。支持向量回归机是一种基于训练集的回归学习方法,它按照期望风险最小化原则寻找决策函数,因而有较好的推广性能和较高的准确率[3]。

支持向量回归机对应于一个特定的带有约束的非线性规划问题,该问题中的输入数据是某些特征的测定值,它只是真值的近似,使用这些近似值建立起支持向量回归机问题,数据误差必将影响所对应问题的解及决策函数,关于数据误差如何影响支持向量回归机的解是特定非线性规划数据扰动分析问题。此章充分挖掘支持向量回归机所对应的非线性规划特点,形成实用的支持向量回归机数据扰动分析方法。由于 ε-线性支持向量回归机很好地体现支持向量回归机思想,因此本章以 ε-线性支持向量回归机作为讨论对象,深刻揭示其数据扰动分析理论。

ε-线性支持向量回归机原始最优化问题为

$$
\begin{aligned}
\min_{\boldsymbol{w},b,\boldsymbol{\xi}} \quad & \tau(\boldsymbol{w},b,\boldsymbol{\xi}^{(*)})=\frac{1}{2}\|\boldsymbol{w}\|^2+\frac{C}{m}\sum_{i=1}^{m}(\xi_i+\xi_i^*) \\
\text{s.t.} \quad & g_i(\boldsymbol{w},b,\boldsymbol{\xi})=(\boldsymbol{x}_i\cdot\boldsymbol{w}+b)-y_i\leqslant\varepsilon+\xi_i, \\
& g_i^*(\boldsymbol{w},b,\boldsymbol{\xi})=y_i-(\boldsymbol{x}_i\cdot\boldsymbol{w}+b)\leqslant\varepsilon+\xi_i^*, \\
& g_{m+i}(\boldsymbol{w},b,\boldsymbol{\xi})=\xi_i\geqslant 0, \\
& g_{m+i}^*(\boldsymbol{w},b,\boldsymbol{\xi})=\xi_i^*\geqslant 0,
\end{aligned}
\tag{6.1}
$$

其中 $i=1,2,\cdots,m$，$(*)$表示有 * 号和无 * 号两种情况，$\boldsymbol{\xi}^{(*)}=(\xi_1,\xi_1^*,\cdots,\xi_m,\xi_m^*)^{\mathrm{T}}$。

求得原始问题的解$(\bar{\boldsymbol{w}},\bar{b},\overline{\boldsymbol{\xi}^{(*)}})$后，即可构造出决策函数

$$d(\boldsymbol{x})=\bar{\boldsymbol{w}}\cdot\boldsymbol{x}+\bar{\boldsymbol{b}}。$$

线性支持向量回归机优化问题(6.1)的最优解依赖于输入数据 $\boldsymbol{x}_i(i=1,2,\cdots,m)$，为了研究输入数据误差对解及决策函数的影响，在此假设 $\boldsymbol{p}$ 是输入数据参数，$\boldsymbol{p}_0$ 是参数 $\boldsymbol{p}$ 的一个取值，此处对应于已知的训练输入数据，这样便有了一个含有参数 $\boldsymbol{p}$ 的支持向量回归机问题(6.1)。也就是说，本章将关心其误差或变化的数据二重化，一方面是构成问题(6.1)的数据，另一方面是构成问题(6.1)的变量 $\boldsymbol{p}$，$\boldsymbol{p}$ 可取某个输入数据的某一维，输入数据的某一维或多维，或全部数据等，其 $\boldsymbol{p}=\boldsymbol{p}_0$ 为当前输入数据。

6.2 线性支持向量回归机数据扰动分析定理

为了后面基本定理表述方便，设$(\bar{\boldsymbol{w}},\bar{b},\overline{\boldsymbol{\xi}^{(*)}})$是问题(6.1)的最优解，训练数据 $T=\{(\boldsymbol{x}_1,y_1),(\boldsymbol{x}_2,y_2),\cdots,(\boldsymbol{x}_m,y_m)\}\subseteq\mathbb{R}^n\times\mathbb{R}$，分为如下 A,B,C 三类：

A类：超平面$\bar{\boldsymbol{w}}\cdot\boldsymbol{x}+\bar{b}-y_i=\varepsilon$ 上 $\bar{\xi}_i=0$ 的点和超平面 $y_i-\bar{\boldsymbol{w}}\cdot\boldsymbol{x}+\bar{b}=\varepsilon$ 上$\overline{\xi_i^*}=0$ 的点，为方便，记此类点为$(\boldsymbol{x}_1,y_1),(\boldsymbol{x}_2,y_2),\cdots,(\boldsymbol{x}_t,y_t)$。

B类：开半空间$\bar{\boldsymbol{w}}\cdot\boldsymbol{x}+\bar{b}-y_i<\varepsilon$ 中 $\bar{\xi}_i=0$ 的点和开半空间 $y_i-\bar{\boldsymbol{w}}\cdot\boldsymbol{x}+\bar{b}<\varepsilon$ 中$\overline{\xi_i^*}=0$ 的点，为方便，记此类点为$(\boldsymbol{x}_{t+1},y_{t+1}),(\boldsymbol{x}_{t+2},y_{t+2}),\cdots,(\boldsymbol{x}_s,y_s)$。

C类：开半空间$\bar{\boldsymbol{w}}\cdot\boldsymbol{x}+\bar{b}-y_i>\varepsilon$ 中$\overline{\xi_i^*}>0$ 的点和开半空间 $y_i-\bar{\boldsymbol{w}}\cdot\boldsymbol{x}+\bar{b}>\varepsilon$ 中$\overline{\xi_i^*}>0$ 的点，为方便，记此类点为$(\boldsymbol{x}_{s+1},y_{s+1}),(\boldsymbol{x}_{s+2},y_{s+2}),\cdots,(\boldsymbol{x}_m,y_m)$。

定义了 A,B,C 三类点后，我们同时以符号 A,B,C 记这三类数据点的下标。这样关于起作用约束指标集我们有引理 6.2.1。

引理 6.2.1 设$(\bar{\boldsymbol{w}},\bar{b},\overline{\boldsymbol{\xi}^{(*)}})$为问题(6.1)的最优解，则起作用约束指标集为

$$\begin{aligned}I(\bar{\boldsymbol{w}},\bar{b},\overline{\boldsymbol{\xi}^{(*)}})&=A\cup(m+)A\cup(m+B)\cup C\\&=\{1,\cdots,t,m+1,\cdots,m+t,m+t+1,\cdots,m+s,s+1,\cdots,m\}。\end{aligned}\tag{6.2}$$

证明 由起作用约束的定义[20]，我们得到 A 类点起作用约束为

$$g_i=0,\quad g_{m+i}=0\quad 或\quad g_i^*=0,\quad g_{m+i}^*=0,\quad i=1,2,\cdots,t;\tag{6.3}$$

B类点起作用约束为

$$g_{m+i}=0\quad 或\quad g_{m+i}^*=0,\quad i=t+1,t+2,\cdots,s;\tag{6.4}$$

C类点起作用约束为

$$g_i = 0, \quad g_i^* = 0, \quad i = s+1, s+2, \cdots, m。\tag{6.5}$$

由式(6.3)～式(6.5)，得到起作用约束指标集为式(6.2)。

有了其作用约束的指标集，接下来求起作用约束的梯度，得到每个约束的梯度向量是 $n+1+2m$ 维数。设 $\hat{\boldsymbol{e}}_i$ 为 $\mathbb{R}^{2m}$ 中的第 i 个单位向量，由式(6.3)得到 A 类点对应约束的梯度为

$$\nabla g_i = (\boldsymbol{x}_i^{\mathrm{T}}, 1, -\hat{\boldsymbol{e}}_{2i-1})^{\mathrm{T}},\tag{6.6}$$

$$\nabla g_{m+i} = (\boldsymbol{0}_n^{\mathrm{T}}, 0, -\hat{\boldsymbol{e}}_{2i-1}^{\mathrm{T}})^{\mathrm{T}},\tag{6.7}$$

或者

$$\nabla g_i^* = (-\boldsymbol{x}_i^{\mathrm{T}}, -1, -\boldsymbol{e}_{2i}^{\mathrm{T}})^{\mathrm{T}},\tag{6.8}$$

$$\nabla g_{m+i}^* = (\boldsymbol{0}_n^{\mathrm{T}}, 0, -\boldsymbol{e}_{2i}^{\mathrm{T}})^{\mathrm{T}};\tag{6.9}$$

B 类点对应约束的梯度为

$$\nabla g_{m+i} = (\boldsymbol{0}_n^{\mathrm{T}}, 0, -\boldsymbol{e}_{2i-1}^{\mathrm{T}})^{\mathrm{T}},\tag{6.10}$$

或者为

$$\nabla g_{m+i}^* = (\boldsymbol{0}_n^{\mathrm{T}}, 0, -\boldsymbol{e}_{2i}^{\mathrm{T}})^{\mathrm{T}};\tag{6.11}$$

C 类点对应约束的梯度为

$$\nabla g_i = (\boldsymbol{x}_i^{\mathrm{T}}, 1, -\boldsymbol{e}_{2i-1}^{\mathrm{T}})^{\mathrm{T}},\tag{6.12}$$

$$\nabla g_i^* = (-\boldsymbol{x}_i^{\mathrm{T}}, -1, -\boldsymbol{e}_{2i}^{\mathrm{T}})^{\mathrm{T}}。\tag{6.13}$$

注意，$\nabla g_i, \nabla g_{m+i}$ 梯度向量元素 -1 在向量的 $n+1+(2i-1)$ 的位置上，而 ∇g_i^*，∇g_{m+i}^* 梯度向量元素 -1 在向量的 $n+1+2i$ 的位置上，其中 $i=1,2,\cdots,m$。下面我们给出线性支持向量回归机数据扰动分析定理的重要预备定理 6.2.2，即最优解满足二阶充分条件定理。

定理 6.2.2 设 $(\bar{\boldsymbol{w}}, \bar{b}, \overline{\boldsymbol{\xi}^{(*)}})$ 为问题(6.1)的最优解，若存在 $0<\overline{\alpha_i^{(*)}}<\frac{C}{m}$，则 $(\bar{\boldsymbol{w}}, \bar{b}, \overline{\boldsymbol{\xi}^{(*)}})$ 满足二阶充分条件。

证明 由于 $(\bar{\boldsymbol{w}}, \bar{b}, \overline{\boldsymbol{\xi}^{(*)}})$ 为优化问题(6.1)的最优解，不妨设其对应的乘子为 $\overline{\alpha_1}, \overline{\alpha_1^*}, \overline{\alpha_2}, \overline{\alpha_2^*}, \cdots, \overline{\alpha_{2m}}, \overline{\alpha_{2m}^*}$，优化问题(6.1)为凸二次规划，所以 $(\bar{\boldsymbol{w}}, \bar{b}, \overline{\boldsymbol{\xi}^{(*)}})$ 为优化问题(6.1)的 KKT 点，即最优解、对应的乘子满足 KKT 条件。

问题(6.1)的拉格朗日函数

$$L(\boldsymbol{w}, b, \boldsymbol{\xi}, \boldsymbol{\alpha}) = \frac{1}{2}\|\boldsymbol{w}\|^2 + \frac{C}{m}\sum_{i=1}^{m}(\xi_i + \xi_i^*) + \sum_{i=1}^{m}\alpha_i(\boldsymbol{w}\cdot\boldsymbol{x}_i + b - y_i - \varepsilon - \xi_i) + \sum_{i=1}^{m}\alpha_i^*(y_i - \boldsymbol{w}\cdot\boldsymbol{x}_i - b - y_i - \varepsilon - \xi_i^*) - \sum_{i=1}^{m}\alpha_{m+i}\xi_i - \sum_{i=1}^{m}\alpha_{m+i}^*\xi_i^*。\tag{6.14}$$

问题(6.1)的 KKT 条件是

$$\nabla_w L = \bar{w} - \sum_{i=1}^{m} (\overline{a_i^*} - \overline{\alpha_i}) x_i = 0, \tag{6.15}$$

$$\nabla_b L = \sum_{i=1}^{m} (\overline{a_i^*} - \overline{\alpha_i}) = 0, \tag{6.16}$$

$$\nabla_\xi L = \frac{C}{m} - \overline{\alpha_i} - \overline{\alpha_{m+i}} = 0, \tag{6.17}$$

$$\nabla_{\xi^*} L = \frac{C}{m} - \overline{\alpha_i}^* - \overline{\alpha_{m+i}}^* = 0, \tag{6.18}$$

$$\overline{\alpha_i}(\bar{w} \cdot x_i + \bar{b} - y_i - \varepsilon - \overline{\xi_i}) = 0, \tag{6.19}$$

$$\overline{\alpha_i}^* (y_i - \bar{w} \cdot x_i - \bar{b} - \varepsilon - \overline{\xi_i}^*) = 0, \tag{6.20}$$

$$\overline{\alpha_{m+i}}\, \overline{\xi_i} = 0, \tag{6.21}$$

$$\overline{\alpha_{m+i}}^*\, \overline{\xi_i^*} = 0, \tag{6.22}$$

$$\alpha_i, \alpha_i^*, \alpha_{m+i}, \alpha_{m+i}^* \geqslant 0, \tag{6.23}$$

$$\begin{cases} g_i(\bar{w}, \bar{b}, \bar{\xi}) = (x_i \cdot \bar{w} + \bar{b}) - y_i \leqslant \varepsilon + \overline{\xi_i}, \\ g_i^*(\bar{w}, \bar{b}, \bar{\xi}) = y_i - (x_i \cdot \bar{w} + \bar{b}) \leqslant \varepsilon + \overline{\xi_i}^*, \\ g_{m+i}(\bar{w}, \bar{b}, \bar{\xi}) = \overline{\xi_i} \geqslant 0, \\ g_{m+i}^*(\bar{w}, \bar{b}, \bar{\xi}) = \overline{\xi_i}^* \geqslant 0。 \end{cases} \tag{6.24}$$

令

$$Z = \{ z \in \mathbb{R}^{n+1+m} \mid z^{\mathrm{T}} \nabla g_i^{(*)}(w^*, b^*, \xi^*) \leqslant 0, i \in I;\ z^{\mathrm{T}} \nabla g_i^{(*)}(w^*, b^*, \xi^*) = 0, i \in I_+ \}, \tag{6.25}$$

其中,$I=\{i \mid g_i^{(*)}(\bar{w}, \bar{b}, \overline{\xi^{(*)}})=0\}$,$I_+=\{i \in I \mid \alpha_i^{(*)}>0, \eta_i^{(*)}>0\}$,$\nabla g_i^{(*)}$ 表示∇g_i,∇g_i^*。

对于任意 $z=(z_1, z_2, \cdots, z_{n+1}, z_{n+2}, \cdots, z_{n+1+m})^{\mathrm{T}} \in Z, z \neq 0$,要证明

$$z^{\mathrm{T}} \nabla^2 L(\bar{w}, \bar{b}, \overline{\xi^{(*)}}) z > 0。$$

由式(6.14)可以求得

$$\nabla^2 L(w^*, b^*, \xi^*) = \begin{pmatrix} I_{n\times n} & 0 \\ 0 & 0 \end{pmatrix}, \tag{6.26}$$

因此

$$z^{\mathrm{T}} \nabla^2 L(w^*, b^*, \xi^*) z = z_1^2 + z_2^2 + \cdots + z_n^2。 \tag{6.27}$$

可见,只要 $z_1, z_n, \cdots, z_n$ 不全为 0,就有

$$z^{\mathrm{T}} \nabla^2 L(w^*, b^*, \xi^*) z > 0。 \tag{6.28}$$

下面用反证法证明式(6.28)：对任意的 $\boldsymbol{z}\in Z,\boldsymbol{z}\neq\boldsymbol{0}$,假设 $z_1,z_2,\cdots,z_n$ 全为零。对于 $i\in A,i=1,2,\cdots,t$,在 $z_1,z_2,\cdots,z_n$ 全为零的假设下,当对应约束梯度为式(6.6)～式(6.7)时,有

$$\boldsymbol{z}^{\mathrm{T}}\nabla g_i = z_{n+1}+z_{n+1+(2i-1)}(-1)\leqslant 0, \tag{6.29}$$

$$\boldsymbol{z}^{\mathrm{T}}\nabla g_{m+i} = z_{n+1+(2i-1)}(-1)\leqslant 0, \tag{6.30}$$

或者对应约束梯度为式(6.8)～式(6.9)时,有

$$\boldsymbol{z}^{\mathrm{T}}\nabla g_i^* = z_{n+1}+2_{n+1+2i}(-1)\leqslant 0, \tag{6.31}$$

$$\boldsymbol{z}^{\mathrm{T}}\nabla g_{m+i}^* = z_{n+1+2i}(-1)\leqslant 0。 \tag{6.32}$$

通过 KKT 条件式(6.19)～式(6.20),可以得到 B 类点的乘子$\overline{\alpha_i^{(*)}}=0$；通过 KKT 条式(6.21)～式(6.22),C 类点的乘子 $\alpha_{m+i}^{(*)}=0$,再通过式(6.17)～式(6.18),C 类点的乘子$\overline{\alpha_i^{(*)}}=\dfrac{C}{m}$,因此满足 $0<\overline{\alpha_i^{(*)}}<\dfrac{C}{m}$,只能是 A 类的点。由假设知,必存在 $i_0\in A$,有 $0<\overline{\alpha_{i_0}^{(*)}}<\dfrac{C}{m}$,由式(6.17)、式(6.18),有$\overline{\alpha_{m+i_0}^{(*)}}=\dfrac{C}{m}-\overline{\alpha_{i_0}^{(*)}}>0$,对此 i_0,式(6.29),式(6.30)或者式(6.31),式(6.32)取等号,由此得到 $z_{n+1+2(i_0-1)}=0$ 或者 $z_{n+1+2i_0}=0$,以及

$$z_{n+1}=0。 \tag{6.33}$$

不妨设对于 $i=1,2,\cdots,t_1\leqslant t$,有$\overline{\alpha_i^{(*)}}>0$,即 $\boldsymbol{x}_i$ 为支持向量,由假设知,有 $t_1\geqslant 1$,因对任意的 $i\in\{1,2,\cdots,t_1\}$,式(6.29)、式(6.31)等号成立,结合式(6.33),得出 $z_{n+1+2i-1}=z_{n+1+2i}=0(i=1,2,\cdots,t_1)$,对于 $i=t_1+1,\cdots,t$ 有$\overline{\alpha_i^{(*)}}=0$,由式(6.17)、式(6.18),有$\overline{\alpha_{m+i}^{(*)}}=\dfrac{C}{m}-\overline{\alpha_i^{(*)}}>0$,对此 i,由式(6.30)、式(6.32)等号成立,此时可以得到 $z_{n+1+2i-1}=z_{n+1+2i}=0(i=t_1+1,\cdots,t)$。这样便得到了

$$z_{n+1+1}=z_{n+1+2}=\cdots=z_{n+1+2t}。 \tag{6.34}$$

对于 $i\in B,i=t+1,t+2,\cdots,s$,因为$\overline{\alpha_i^{(*)}}=0$,由式(6.17)、式(6.18),有$\overline{\alpha_{m+i}^{(*)}}=\dfrac{C}{m}-\overline{\alpha_i^{(*)}}>0$,由式(6.30)、式(6.32)等号成立,此时可以得到 $z_{n+1+2i-1}=z_{n+1+2i}=0$,这样便得到了

$$z_{n+1+2t+1}=z_{n+1+t+2}=\cdots=z_{n+1+2s}。 \tag{6.35}$$

对于 $i\in C,i=s+1,s+2,\cdots,m$,由于$\overline{\xi_i^{(*)}}>0,\overline{\alpha_{m+i}^{(*)}}=0,\overline{\alpha_i^{(*)}}=\dfrac{C}{m}-\overline{\alpha_{m+i}^{(*)}}>0$,由式(6.29)、式(6.31)等号成立,结合式(6.33),即 $z_{n+1}=0$,此时可以得到 $z_{n+1+2i-1}=z_{n+1+2i}=0$,这样便得到了

$$z_{n+1+2s+1}=z_{n+1+s+2}=\cdots=z_{n+1+2m}。 \tag{6.36}$$

综合式(6.33)~式(6.36),我们可以得到若 $\boldsymbol{z}\in Z, z_1=z_1=\cdots=z_n=0$,则 $z_{n+1}=z_{n+2}=\cdots=z_{n+1+2m}=0$,这与 $\boldsymbol{z}\neq\mathbf{0}$ 矛盾。而当 $\boldsymbol{z}\neq\mathbf{0}$ 时,必有 $z_1,z_2,\cdots,z_n$ 不全为零,有 $\boldsymbol{z}^{\mathrm{T}}\nabla^2(\boldsymbol{w}^*,b^*,\boldsymbol{\xi}^*)\boldsymbol{z}=z_1^2+z_2^2+\cdots+z_n^2>0$,即$(\boldsymbol{w}^*,b^*,\boldsymbol{\xi}^*)$满足二阶充分条件。

证毕

定理6.2.2显示,对于线性支持向量回归机问题(6.1)的最优解,只要作很弱的假设,即存在一个支持向量,使其对应的乘子 $0<\alpha_i^{(*)}<\dfrac{C_i}{m}$,二阶充分条件就一定满足。

有了最优解满足二阶充分条件定理6.2.2。下面给出线性支持向量回归机数据扰动分析的结论。

定理6.2.3 设$(\bar{\boldsymbol{w}},\bar{b},\overline{\boldsymbol{\xi}^{(*)}})$为问题(6.1)在 $\boldsymbol{p}=\boldsymbol{p}_0$ 的最优解,对应的拉格朗日乘子为$\overline{\alpha_i^{(*)}}(i=1,2,\cdots,2m)$。假设

(1) A类的输入 $\boldsymbol{x}_1,\boldsymbol{x}_2,\cdots,\boldsymbol{x}_t$ 全为支持向量,且对应的乘子$\overline{\alpha_i^{(*)}}<\dfrac{C}{m}(i=1,2,\cdots,t)$。

(2) 向量组$\begin{pmatrix}\boldsymbol{x}_1\\1\end{pmatrix},\begin{pmatrix}\boldsymbol{x}_2\\1\end{pmatrix},\cdots,\begin{pmatrix}\boldsymbol{x}_t\\1\end{pmatrix}$线性无关。

则有下面结论:

① $(\bar{\boldsymbol{w}},\bar{b},\overline{\xi^{(*)}})$为问题(6.1)在 $\boldsymbol{p}=\boldsymbol{p}_0$ 的孤立最优解,并且对应的拉格朗日乘子$\overline{\alpha_i^{(*)}}(i=1,2,\cdots,2m)$是唯一的。

② 存在 $\boldsymbol{p}_0$ 的邻域 $N(\boldsymbol{p}_0)$,在 $N(\boldsymbol{p}_0)$上存在唯一连续可微函数 $y(\boldsymbol{p})=(\boldsymbol{w}(\boldsymbol{p}),b(\boldsymbol{p}),\boldsymbol{\xi}^{(*)}(\boldsymbol{p}),\boldsymbol{\alpha}^{(*)}(\boldsymbol{p}))$,使得 $y(\boldsymbol{p}_0)=(\bar{\boldsymbol{w}},\bar{b},\overline{\boldsymbol{\xi}^{(*)}},\overline{\boldsymbol{\alpha}^{(*)}})$,$\boldsymbol{z}(\boldsymbol{p})=(\boldsymbol{w}(\boldsymbol{p}),b(\boldsymbol{p}),\boldsymbol{\xi}^{(*)}(\boldsymbol{p}))$为问题(6.1)的孤立最优解,$\boldsymbol{\alpha}^{(*)}(\boldsymbol{p})$为相应的唯一乘子。

③ $y(\boldsymbol{p})=(\boldsymbol{w}(\boldsymbol{p}),b(\boldsymbol{p}),\boldsymbol{\xi}^{(*)}(\boldsymbol{p}),\boldsymbol{\alpha}^{(*)}(\boldsymbol{p}))$的偏导数满足

$$\boldsymbol{M}(\boldsymbol{p})=\begin{pmatrix}\left(\dfrac{\partial \boldsymbol{w}}{\partial \boldsymbol{p}}\right)^{\mathrm{T}}\\\left(\dfrac{\partial b}{\partial \boldsymbol{p}}\right)^{\mathrm{T}}\\\left(\dfrac{\partial \boldsymbol{\xi}^{(*)}}{\partial \boldsymbol{p}}\right)^{\mathrm{T}}\\\left(\dfrac{\partial \boldsymbol{\alpha}^{(*)}}{\partial \boldsymbol{p}}\right)^{\mathrm{T}}\end{pmatrix}=\boldsymbol{M}_1(\boldsymbol{p}),\tag{6.37}$$

其中

$$
\boldsymbol{M}(\boldsymbol{p})=\begin{pmatrix}
\nabla^2 L & \nabla g_1(\boldsymbol{w},b,\boldsymbol{\xi},\boldsymbol{\rho}) & \cdots & \nabla g_{2m}^*(\boldsymbol{w},b,\boldsymbol{\xi},\boldsymbol{\rho}) \\
\alpha_1\ \nabla g_1(\boldsymbol{w},b,\boldsymbol{\xi},\boldsymbol{\rho})^{\mathrm{T}} & g_1(\boldsymbol{w},b,\boldsymbol{\xi},\boldsymbol{\rho}) & & \\
\vdots & & \ddots & 0 \\
\alpha_{2m}\ \nabla g_{2m}^*(\boldsymbol{w},b,\boldsymbol{\xi},\boldsymbol{\rho})^{\mathrm{T}} & 0 & \cdots & g_{2m}^*(\boldsymbol{w},b,\boldsymbol{\xi},\boldsymbol{\rho})
\end{pmatrix}, \tag{6.38}
$$

$$
\boldsymbol{M}_1(\boldsymbol{p})=-\left(\frac{\partial(\nabla_x L)}{\partial \boldsymbol{p}},\alpha_1\ \nabla_p g_1,\cdots,\alpha_{2m}^*\ \nabla_p g_{2m}^*\right)^{\mathrm{T}}。 \tag{6.39}
$$

证明 由(1)条件 $\boldsymbol{x}_1,\boldsymbol{x}_2,\cdots,\boldsymbol{x}_t$ 为 A 类的输入，乘子$\overline{\alpha_i^{(*)}}<\dfrac{C}{m}(i=1,2,\cdots,t)$，定理 6.2.2 保证了$(\overline{\boldsymbol{w}},\overline{b},\overline{\boldsymbol{\xi}^{(*)}})$满足二阶充分条件。(2)注意到 $I(\overline{\boldsymbol{w}},\overline{b},\overline{\boldsymbol{\xi}^{(*)}})=A\cup(m+A)\cup(m+B)\cup C$，由假设 $\boldsymbol{x}_1,\boldsymbol{x}_2,\cdots,\boldsymbol{x}_t$ 全为支持向量，则对应的乘子$\overline{\alpha_i^{(*)}}>0$ $(\forall i\in A)$。又假设乘子$\overline{\alpha_i^{(*)}}<\dfrac{C}{m}(i=1,2,\cdots,t)$，则有乘子$\overline{\alpha_{m+i}^{(*)}}=\dfrac{C}{m}-\overline{\alpha_i^{(*)}}>0(i=1,2,\cdots,t)$，因此 A 类点严格互补条件是成立的；当 $i\in B$ 时，B 类的样本点对应的乘子$\overline{\alpha_i^{(*)}}=0$，从而$\overline{\alpha_{m+i}^{(*)}}=\dfrac{C}{m}-\overline{\alpha_i^{(*)}}>0$，因此 B 类点严格互补条件是成立的；当 $i\in C$，因为$\overline{\xi_i^{(*)}}>0$，$\overline{\alpha_i^{(*)}}=0$，从而$\overline{\alpha_{m+i}^{(*)}}=\dfrac{C}{m}-\overline{\alpha_i^{(*)}}>0$，因此 C 类点严格互补条件是成立的；所以$(\overline{\boldsymbol{w}},\overline{b},\overline{\boldsymbol{\xi}^{(*)}})$满足严格互补条件。(3)考查所有起作用约束梯度组的线性组合，假设存在系数$\{c_i\mid i\in I\}$使它们的线性组合为 0，即

$$
\begin{aligned}
&\sum_{i=1}^{t}c_i\ \nabla g_i^{(*)}(\overline{\boldsymbol{w}},\overline{b},\overline{\boldsymbol{\xi}^{(*)}})+\sum_{i=1}^{t}c_{m+i}\ \nabla g_{m+i}^{(*)}(\overline{\boldsymbol{w}},\overline{b},\overline{\boldsymbol{\xi}^{(*)}})+\\
&\sum_{i=t+1}^{s}c_{m+i}\ \nabla g_{m+i}^{(*)}(\overline{\boldsymbol{w}},\overline{b},\overline{\boldsymbol{\xi}^{(*)}})+\sum_{i=s+1}^{t}c_i\ \nabla g_i^{(*)}(\overline{\boldsymbol{w}},\overline{b},\overline{\boldsymbol{\xi}^{(*)}})=\boldsymbol{0}。
\end{aligned} \tag{6.40}
$$

由式(6.6)～式(6.13)，可以得 $c_{m+t+1}=\cdots=c_{m+s}=c_{s+1}=\cdots=c_m=0,c_i=-c_{m+i}(i=1,2,\cdots,t)$。又因为每个梯度的向量后半部分都含有单位向量，因此只考虑每个梯度向量的前 $n+1$ 各分量的线性无关性，化简式(6.40)得到

$$
c_1\begin{pmatrix}\boldsymbol{x}_1\\1\end{pmatrix}+c_2\begin{pmatrix}\boldsymbol{x}_2\\1\end{pmatrix}+\cdots+c_t\begin{pmatrix}\boldsymbol{x}_t\\1\end{pmatrix}=\boldsymbol{0}。
$$

又由于$\begin{pmatrix}\boldsymbol{x}_1\\1\end{pmatrix},\begin{pmatrix}\boldsymbol{x}_2\\1\end{pmatrix},\cdots,\begin{pmatrix}\boldsymbol{x}_t\\1\end{pmatrix}$线性无关，则得 $c_1=c_2=\cdots=c_t=0,c_{m+1}=c_{m+2}=\cdots=c_{m+t}=0$，根据线性无关的定义，可以得到所有起作用约束梯度组$\{\nabla g_i^{(*)},i\in I(\overline{\boldsymbol{w}},\overline{b},\overline{\xi^{(*)}})\}$线性无关。综合得到非线性规划数据扰动分析定理的条件全部满足，因而有结论①②③。

证毕

6.3 小结

数据扰动分析定理6.2.3给出了支持向量回归机解关于数据参数的偏导数,进而可以得到数据误差对判决函数的影响。给定训练数据,对于线性支持向量回归机问题(6.1),得到$\frac{\partial \boldsymbol{w}}{\partial \boldsymbol{p}}$,$\frac{\partial b}{\partial \boldsymbol{p}}$,求得决策函数 $d(\boldsymbol{x})=\boldsymbol{w}\cdot\boldsymbol{x}+b$ 对数据的偏导数

$$\nabla_{p} d(\boldsymbol{x},\boldsymbol{p})=\left(\frac{\partial \boldsymbol{w}}{\partial \boldsymbol{p}}\right)^{\mathrm{T}}\boldsymbol{x}+\frac{\partial b}{\partial \boldsymbol{p}}。\tag{6.41}$$

在定理6.2.3的假设下,有

$$\begin{pmatrix} \boldsymbol{w}(\boldsymbol{p}) \\ b(\boldsymbol{p}) \\ \boldsymbol{\xi}(\boldsymbol{p}) \\ \boldsymbol{\alpha}(\boldsymbol{p}) \end{pmatrix}=\begin{pmatrix} \bar{\boldsymbol{w}} \\ \bar{b} \\ \overline{\boldsymbol{\xi}^{(*)}} \\ \overline{\boldsymbol{\alpha}^{(*)}} \end{pmatrix}+\boldsymbol{M}^{*-1}\boldsymbol{M}_{1}^{*}(\boldsymbol{p}-\boldsymbol{p}_{0})+o(\|\boldsymbol{p}-\boldsymbol{p}_{0}\|)。\tag{6.42}$$

这里针对线性支持向量回归机这一特殊的二次规划模型建立了数据扰动分析定理以及计算解和决策函数对数据参数的偏导数。此外还得到一个条件,在这样很弱的条件下支持向量回归机的解满足二阶充分条件重要性质。利用支持向量回归机数据扰动分析定理,可以利用求得的偏导数分析数据误差对解及决策函数值的定量影响,在输入数据的各种变化情况下,可以给出其解的近似变化。

参考文献

[1] J. W. Han, M. Kamber. 数据挖掘——概念与技术[M]. 范明，等译. 北京：机械工业出版社，2001.

[2] V. Vapnik. 统计学习理论的本质[M]. 张学工，译. 北京：清华大学出版社，2000.

[3] B. Scholkopf, C. J. C. Burges and A. J. Smola. Advances in kernel methods-support vector learning[M]. Cambridge: MIT Press, 1999: 327-352.

[4] N. Cristianini, J. Shawe-Taylor. An introduction to support vector machines [M]. Cambridge: Cambridge University Press, 2000.

[5] A. Smola, P. Bartlett, B. Scholkopf and D. Schuurmans, eds. Advances in large margin classifiers[M]. Cambridge: MIT Press, 2000.

[6] B. Scholkopf, A. Smola. Learning with kernels[M]. Cambridge: MIT Press, 2002.

[7] T. Joachims. Text Categorization with Support Vector Machines[R]. Technical report, LS Ⅷ Number 23, University of Dormund, 1997 .

[8] B. Scholkopf, C. J. Burges and V. Vapnik. Extracting support data for a given task[J]. In: Fayyad UM, Uthurusamy R, eds. Proceedings of First International Conference on Knowledge Discovery & Data Mining[M]. German: AAAI Press, 1995: 262-267.

[9] E. Osuna, R. Freund and F. Girosi. An improved training algorithm for support vector machine[J]. In: Proceedings of 1997 IEEE workshop on neural networks for signal processing. Amelea Island, FL: IEEE, 1997: 276-285.

[10] H. Drucker, C. J. Burges and L. Kaufman et al. support vector regression machines[J]. In: Mozer M, Jordan M, Petsche T eds. Neural Information Processing Systems. Cambridge: MIT Press, 1997.

[11] J. T. Y. Kwok. Support vector mixture for classification and regression problems[J]. ICPR'98, 1998 .

[12] 王宏宇，糜仲春，梁晓艳，等. 一种基于支持向量机回归的推荐算法[J]. 中国科学院研究生院学报，2007，24(6)：742-748.

[13] 刘叶青，刘三阳，谷明涛. 多项式光滑的半监督支持向量分类机[J]. 系统工程理论与实践，2009，29(7)：113-118.

[14] Shao Y H, Deng N Y, Yang Z M. Least squares recursive projection twin support vector machine for classification[J]. Pattern Recognition, 2012, 45(6): 2299-2307.

[15] 鲁淑霞，田如娜. 结构化加权最小二乘支持向量机[J]. 计算机科学，2013，40(12)：52-54.

[16] 张晓丹，马菁. 一个广义三次样条光滑半监督支持向量机[J]. 工程科学学报，2015，37(3)：386-389.

[17] 范旭慧，张捷，班登科. 分段光滑的半监督支持向量分类机[J]. 计算机科学，2016，43(6)：276-279.

[18] 熊金志，胡金莲，袁华强，等. 一类光滑支持向量机新函数的研究[J]. 电子学报，2007，(2)：366-370.

[19] 业巧林,闫贺.基于最小二乘的孪生有界支持向量机分类算法[J].华中科技大学学报(自然科学版),2018,46(3):30-35.
[20] 刘广利.基于支持向量分类机的经济预警方法研究[D].中国农业大学,2003.
[21] 刘广利,邓乃扬.基于SVM分类的预警系统[J].中国农业大学学报,2002,7(6):97-100.
[22] 秦玉平.基于支持向量机的文本分类算法研究[D].大连理工大学,2008.
[23] 艾青,秦玉平,方辉,等.一种扩展的紧密度模糊支持向量机及其在文本分类中应用[J].计算机应用与软件,2010,27(4):45-47.
[24] 刘志明,刘鲁.基于机器学习的中文微博情感分类实证研究[J].计算机工程与应用,2012,48(1):1-4.
[25] 孙立.基于隐私保护技术的支持向量机研究[D].中国农业大学,2015.
[26] 种衍文,匡湖林,李清泉.一种基于多特征和机器学习的分级行人检测方法[J].自动化学报,2012,38(3):375-381.
[27] 谢塞琴,沈福明,邱雪娜.基于支持向量机的人脸识别方法[J].计算机工程,2009,35(16):186-188.
[28] 张全明,刘会金.最小二乘支持向量机在电能质量扰动分类中的应用[J].中国电机工程学报,2008,28(1):106-110.
[29] 黄为勇.基于支持向量机数据融合的矿井瓦斯预警技术研究[D].中国矿业大学,2009.
[30] 易辉.基于支持向量机的故障诊断及应用研究[D].南京航空航天大学,2011.
[31] 陈荣,曹永锋,孙洪.基于主动学习和半监督学习的多类图像分类[J].自动化学报,2011,37(8):954-961.
[32] 郭俊文,李开成.基于改进S变换和复合特征量的多级支持向量机的电能质量扰动分类[J].电测与仪表,2014,51(8):19-25.
[33] 黄华娟.孪生支持向量机关键问题的研究[D].中国矿业大学,2014.
[34] 原峰、潘丰厚,张光明,等.基于动态树和支持向量机的电能质量复合扰动分类[J].电气应用,2015,135-140.
[35] 程志友,袁昊,辰杨韬.基于复阻抗与支持向量机的电能质量扰动分类方法[J].安徽大学学报(自然科学版),2016,40(3):58-64.
[36] 刘文黎,吴贤国,覃亚伟,等.基于支持向量机代理模型的地铁施工诱发临近建筑扰动的参数全局敏感性分析[J].武汉大学学报(工学版),2016,49(6):871-878.
[37] 朱慧峰.基于最小二乘支持向量机的城市供水短期水量预测研究[J].电气与自动化,2018,40(1):105-107.
[38] 饶飘雪,叶枫.基于logistic回归、ANN、SVM的乳腺癌复发影响因素研究[J].计算机系统应用,2016,25(7):259-263.
[39] 田文哲,符冉,迪金炜.面向卫星云图云分类的自适应模糊支持向量机[J].武汉大学学报,2017,42(4):488-495.
[40] 蔺轲,谢俊卿,胡永华.支持向量机在ICU急性肾损伤患者住院死亡风险预测中的应用[J].北京大学学报(医学版),2018:1-12.
[41] V. Vapnik and A. Lerner. Pattern recognition using generalized portrait method[J].

Automation and Remote Control,1963,24.

[42] V. Vapnik and A. Y. Chervonenkis. On the uniform convergence of relative frequencies of evens to their probabilities[J]. Theory of Probability and its Application,1971,16(2):263-280.

[43] V. Cherkassky and F. Mulier, Guest editorial. Vapnik-Cherkassky(VC) learning theory and its application[J]. Transaction on Neural Networks,1999,10(5):541-567.

[44] V. Vapnik. Estimation of dependence based on empirical data[M]. New York: Springer-Verlag,1982.

[45] B. Boser, L. Guyon and V. Vapnik. A training algorithm for optimal margin classifier[J]. In: fifth annual workshop on computational learning theory, Baltimore, MD: ACM Press, 1992: 144-152.

[46] C. Cortes and V. Vapnik. The soft margin classifiers[R]. Technical memorandum 11359-931209-18TM, AT&T Bell Labs, 1993.

[47] V. Vapnik. The Nature of statistical learning theory[M]. New York: Springer, 1995.

[48] C. J. C. Burges. A tutorial on support vector machines for pattern recognition[J]. Data mining and Knowledge Discovery, 1998, 2(2): 121-167.

[49] K. Bennett, E. Bredensteiner. Duality and geometry in SVM classifiers[J]. In: Proc. of Senventeenth Intl. Conf. on Machine Learning, Morgan Kaufmann, San Francisco: 2000: 57-64.

[50] 邓乃扬，田英杰. 数据挖掘中的新方法——支持向量分类机[M]. 北京：科学出版社,2004.

[51] C. J. C. Burges, B. Scholkopf. Improving the accuracy and speed of support vector machines[J]. In: advances in neural information processing systems, M. Mozer, M. Jordan and T. Petsche, eds. Cambridge: MIT Press, 1997: 375-381.

[52] C. J. C. Burges. Geometry and invariances in kernel based methods[J]. In: advances in kernel methods-support vector learning, B. Scholkopf, C. Burges and A. Smola, Eds., Cambridge: MIT Press, 1999: 89-116.

[53] B. Scholkopf, A. Smola, K. R. Muller. Kernel principal component analysis[J]. In: Proc. of ICANN'97, 1997: 583-589.

[54] B. Scholkopf. Comparing support vector machines with Gaussian kernels to radial basis function classifier[J]. IEEE Transactions on signal processing, 1997, 45(11): 2758-2765.

[55] B. Scholkopf and A. Smola. A tutorial on support vector regression[R]. Technical Report Series NC2-TR-1998-030, October, 1998.

[56] A. Smola. Generalization bounds for convex combinations of kernel functions[R]. Alex J. Smola, GMD. NeuroCOLT2 Technical Report series, NC2-TR-1998-020, July, 1998.

[57] K. P. Bennett and Z. Demiriz. Semi-supervised support vector machines[J]. In: Proc. of NIPS'98, 1998.

[58] J. Weston. Extensions to the support vector method[D]. Royal Holloway University of London, 1999.

[59] X. G. Zhang. Using class-center vectors to build support vector machines [J]. NNSP'99,1999.

[60] V. Vapnik. Statistical learning theory[M]. New York: John Wiley & Sons,1998.

[61] N. Cristianimi, C. Cambel. The kernel adatron algorithm: a fast and simple learning procedure for support vector machines[J]. In: Proceeding of 15th Intl. Conf. Machine Learning. Morgan Kaufman Publishers,1998.

[62] O. L. Mangasarian, David R. Musicant. Successive Overrelaxation for Support Vector Machines[J]. IEEE Transactions on Neural Networks,1999,10: 1032-1037.

[63] O. L. Mangasarian. Mathematical Programming in data mining[J]. Data Mining and knowledge Discovery,1997,42(1): 183-201.

[64] O. L. Mangasarian, R. Meyer. Nonlinear Perburbations of linear Programs[J]. SIAM Journal on Control and Optimization,1979,17(6): 745-752.

[65] B. Scholkopf, A. Smola, R. C. Williamson et al. New Support vector algorithms[J]. Neural Computation,2000,12(5): 1207-1245.

[66] C. C. Chang, C. J. Lin. Training ν-support vector classifiers: theory and algorithms[J]. Neural Computation,2001(13),2119-2147.

[67] T. Graepel, R. Herbrich, B. Scholkopf, A. J. Smola, et al. Classification on proximity data with LP-machines[J]. In: Ninth International Conference on Artificial Neural Networks, Conference Publications, London,1999(470): 304-309.

[68] H. G. Chew, D. J. Crisp, R. E. Bongner, et. al. Target detection in radar imagery using support vector machines with training size biasing[J]. In: Proceedings of the sixth international conference on control, automation, robotics and vision, Singapore,2000.

[69] C. F. Lin, S. D. Wang. Fuzzy support vector machines[J]. IEEE Trans. on Neural Networks,2001,13(2): 464-471.

[70] N. Y. Deng, G. L. Liu, C. H. Zhang. A new version of support vector classification and its application to early warning of food security[J]. OR Transactions,2003,7(2): 1-8.

[71] N. Y. Deng, C. H. Zhang, G. L. Liu et. al. Support vector classification with uncertainty [J]. In: Fifth International Conference on Computer Sciences, July 1-3, Metz, France,2004.

[72] 张翔，肖小玲，徐光祐. 基于样本之间紧密度的模糊支持向量机方法[J]. 软件学报，2006,17(5): 951-958.

[73] 张翔，肖小玲，徐光祐. 模糊支持向量机中隶属度的确定与分析[J]. 中国图象图形学报，2006,11(8): 1188-1192.

[74] 吴青，刘三阳，杜徐. 基于边界向量提取的模糊支持向量机方法[J]. 模式识别与人工智能,2008,3(21): 332-337.

[75] 吴广潮，闫丽，杨晓伟. 基于模糊分割和邻近对的支持向量机分类器[J]. 计算机应用，2008,28(1): 131-133.

[76] 刘畅，孙德山. 模糊支持向量机隶属度的确定方法[J]. 计算机工程与应用,2008,44(11): 41-46.

[77] 施其权，李小明，肖辞源. 一类新型快速模糊支持向量机[J]. 计算机技术与发展,2010,

20(2)：103-105.

[78] 任艳. 基于公理模糊集与支持向量机的知识发现方法与应用研究[D],大连理工大学,2011.

[79] 何杨,李洪心. 基于模糊二范数二次曲面支持向量机的信用评分研究[J]. 统计与决策,2018,27(3)：66-70.

[80] T. G. Dietterich, G. Bakiri. Solving multi-class learning problems via error correcting output codes[J]. Journal of Artificial Intelligent Research,1995,2：263-286.

[81] Chih-Wei Hsu and C. J. Lin. A comparison of methods for multi-class support vector machines[J]. IEEE Transactions on Neural Networks 2002,13(2)：415-425.

[82] 陈宝林. 最优化理论与算法[M]. 2 版. 北京：清华大学出版社,2005.

[83] Dimitri P. Bertsekas. 非线性规划[M]. 2 版. 北京：清华大学出版社,2013.

[84] E. Osuna, R. Freund, F. Girosi. Training support vector machines：An application to face detection[J]. In：Proceedings of CVPR'97, Puerto Rico, 1997.

[85] J. C. Platt. Fast Training of Support Vector Machines using Sequential Minimal Optimization[J]. In：Scholkopf B. et al, Advances in Kernel Methods Support Vector Learning, Cambridge：MIT Press,1999,185-208.

[86] S. S. Keerthi. Convergence of a Generalized SMO Algorithm for SVM Classifier Design [R]. TR CD-00-01 Control Division Dept. of Mecha. and Prod. Engineering National University of Singapore Singapore,2000.

[87] T. Joachims. Making large-Scale SVM Learning Practical[J]. In：Advances in Kernel Methods-Support Vector Learning, Scholkopf B. et al. Cambridge：MIT Press,1999.

[88] S. S. Keerthi. et al. Improvements to Platt's SMO Algorithm for SVM Classifer Design [J]. TR CD-99-14, Dept. of Mecha. And Prod. Engin. National Uni. of Singapore,1999.

[89] C. Ronan, B. Samy. Support Vector Machines for Large-Scale Regression Problems. IDIAP-RR 0-17. http：// www. idi-ap. ch,2000.

[90] W. H. Chih et al. A Simple Decomposition Method for Support Vector Machines[R]. Technical report, National Taiwan University,1999.

[91] T. T. Friess et al. The kernel-adatron algorithm：A fast and simple learning procedure for support vector machines[J]. In：ICML98,1998：188-196.

[92] S. N. Ahmed et al. Incremental Learning with Support Vector Machines [J]. In：(IJCAI99), Workshop on Support Vector Machines, Stockholm, Sweden, August2,1999.

[93] G. Cauwenberghs, T. Poggio. Incremental and decremental support vector Machine[J]. Machine Learning,2001,44(13)：409-415.

[94] Y. Yang. Expert network：Effective and efficient learning from human decisions in text categorization and retrieval[J]. In：Proceedings of the Seventeenth International ACM SIGIR Conference on Research and Development in Information Retrieval,1994：13-22.

[95] Edgar Osuna, Robert Freund, Federico Girosi. Training support vector machines：an application to face detection[J]. In：IEEE Conference on Computer Vision and Pattern

Recognition, 1997, 130-136.

[96] T. Joachims. Transductive inference for text classification using support vector machine [J]. In: Proceedings of the Sixteenth International Conference on Machine Learning. Morgan Kaufmann, 1999: 148-156.

[97] T. S. Jaakkola, D. Haussler. Exploiting generative models in discriminative classifiers[J]. In: Advanceds in Neural Information Processing Systems, 11. Cambridge: MIT Press, 1998, 487-493.

[98] M. Brown, W. Grundy, D. Lin, ets. Knowledge-based analysis of microarray gene expression data using support vector machines[J]. Genetics, 2000, 97(1): 262-267.

[99] A. Zien, G. Ratsch, S. Mika et al. Engineering support vector machine kernels that recognize translation initiation sites[J]. BioInformatics, 2000, 16(9): 799-807.

[100] S. J. Hua, Z. R. Sun. Support vector machine approach for protein subcellular localization prediction[J]. Bioinformatics, 2001(17): 721-728.

[101] D. Chris, D. C, Inna. Multi-class protein fold recognition using support vector machines and neural networks[J]. Bioinformatics, 2001(17): 349-358.

[102] R. B. Joel and A. G. David. Predicting protein-protein interactions from primary structure[J]. Bioinformatics, 2001(17): 455-460.

[103] S. J. Hua and Z. R. Sun. A Novel Method of Protein Secondary Structure Prediction with High Segment Overlap Measure: Support Vector Machine Approach[J]. Journal of Molecular Biology, 2001, 397-407.

[104] 袁亚湘，孙文瑜. 最优化理论与方法[M]. 北京：科学出版社，1999.

[105] 刘宝光. 非线性规划的灵敏度分析方法[M]. 北京：北京理工大学出版社，1988.

[106] A. Δ. Fiacco and G. P. McCormick. Nonlinear Programming: Sequential Unconstrained Minimization Techniques[M]. John Wiley & sons, 1968.

[107] S. M. Robinson. Perturbed Kuhn-Tucker Points and Rates of Convergence for a class of Nonlinear Programming Algorithms[J]. Mathematical Programming, 1974(7): 1-16.

[108] A. Δ. Fiacco. Sensitivity Analysis for Nonlinear Programming Using Penalty Methods [J]. Mathematical Programming, 1976(10): 287-331.

[109] M. Kojima. Strongly Stable Stationary Solutions in Nonlinear Programs [J]. In: Analysis and Computation of Fixed Points (S. M. Robinson, ed.), Academic Press, 1980, 93-138.

[110] S. M. Robinson. Generalized Equations and their Solutions, Part Ⅱ; Applications to Nonlinear Programming[J]. Mathematical Programming Study, 1982(19): 200-221.

[111] O. L. Mangasarian, S. Fromovitz. The Fritz John Necessary Optimality Conditions in the Presence of Equality and Inequality Constraints[J]. Journal of Mathematical Analysis and Applications, 1967(17): 37-47.

[112] S. M. Robinson. Strongly Regular Generalized Equations[J]. Mathematics of Operations Research, 1980(5): 43-62.

[113] K. Jittorntrum. Solution Point Differentiability Without Strict Complementarity in

Nonlinear Programming[J]. Mathematical Programming,1984(21): 127-138.

[114] A. B. Poore, C. A. Tiahrt. Bifurcation Problems in nonlinear Parametric Programming [J]. Mathematical Programming,1987,39(3): 189-205.

[115] C. A. Tiahrt, A. B. Poore. A Bifurcation analysis of the nonlinear Parametric Programming[J]. Mathematical Programming,1990,47(1): 189-205.

[116] A. Δ. Fiacco. Introduction to Sensitivity and Stability Analysis in Nonlinear Programming[M]. Academic Press,1983.

[117] 胡云芳.一类导数不可微规划的分支理论[B].北京理工大学.1990.

[118] 王兆智.非光滑最优化的几个问题 [B].北京理工大学.1992.

[119] 郭平山.非线性参数规划一类奇点问题 [B].北京理工大学.1992.

[120] C. J. C. Burges, D. J. Crisp. Uniqueness of the SVM Solution[J]. In: advances in support vector machines learning, B. Scholkopf, C. Burges and A. Smola, Eds., Cambridge: MIT Press,2001: 99-116.

[121] A. Bairoch, B. Boeckmann. The SWISS-PROT protein sequence data bank: current status[J]. Nucleic Acids Research,1994(22): 3578-3580.

[122] P. Baldi, Y. Chauvin, T. Hunkapillar, et al. Hidden Markov models of biological primary sequence information [J]. In: Proceedings of the National Academy of Sciences, 1994(91): 1059-1063.

[123] J. Berger. Statistical Decision Theory and Bayesian Analysis[M]. New York: Springer-Verlag. 1985.

[124] S. Eddy. Multiple alignment using hidden Markov models[J]. In: Proc. Int. Conf. on Intelligent Systems for Molecular Biology, Cambridge: AAAI/MIT Press. 1995, 114-120.

[125] S. Eddy, G. Mitchison, R. Durbin. Maximum discrimination hidden Markov models of sequence consensus[J]. J. Comput. Biol. 1995(2): 9-23.

[126] 业巧林,赵春霞,陈小波.基于正则化技术的对支持向量机特征选择算法[J].计算机研究与发展,2011,48(6): 1029-1037.

[127] Shao Y H, Deng N Y, Chen W J, et al. Improved generalized eigenvalue proximal support vector machine[J]. IEEE Signal Processing Letters,2013,20(3): 213-216.

[128] Shao Y H, Zhang C H, Wang X B, et al. Improvementson twin support vector machines [J]. IEEE Transactions on Neural Networks,2011,22(6): 962-968.

[129] Shao Y H, Chen W J, Deng N Y. Nonparallel hyperplane support vector machine for binary classification problems [J]. Information Sciences,2014,263(3): 22-35.

[130] 陈丽,陈静. 基于支持向量机和 k-近邻分类器的多特征融合方法[J]. 计算机应用, 2009,29(3): 833-835.

[131] 吴青. 基于优化理论的支持向量机学习算法研究[D].西安电子科技大学,2009.

[132] 汪廷华,田盛丰,黄厚宽. 特征加权支持向量机[J]. 电子与信息学报,2009,31(3): 514-518.

[133] 胡俊, 滕少华,张巍,等. 支持向量机与哈夫曼树实现多分类的研究[J].广东工业大学

学报,2014,31(2):36-42.
[134] 奉国和. SVM 分类核函数及参数选择比较计算机工程与应用[J]. 2011,47(3):123-125.
[135] 丁世飞,齐丙娟,谭红艳. 支持向量机理论与算法研究综述[J]. 电子科技大学学报,2011,40(1):2-10.
[136] 刘太安. 基于支持向量机的空间数据挖掘方法及其在旅游地理经济分析中的应用[D]. 中国矿业大学,2012.
[137] 平源. 基于支持向量机的聚类及文本分类研究[D]. 北京邮电大学,2012.
[138] 王震. 基于非平行超平面支持向量机的分类问题研究[D]. 吉林大学,2014.
[139] 董宝玉. 支持向量技术及其应用研究[D]. 大连海事大学,2016.
[140] 张春,舒敏. 基于支持向量机的健康状态评估方法[J]. 计算机系统应用,2018,27(3):18-26.